Osprey Combat Aircraft

Mosquito Bomber/
Fighter-Bomber Units 1942-45

Martin Bowman

Osprey Combat Aircraft

[オスプレイ軍用機シリーズ] **42**

モスキート爆撃機/戦闘爆撃機部隊の戦歴

[著者] **マーティン・ボーマン**
[訳者] **苅田重賀**

大日本絵画

カバー・イラスト／イアン・ワイリー
フィギュア・イラスト／マイク・チャペル
カラー塗装図／クリス・デイヴィー
スケール図面／アーサー・ベントリー

カバー・イラスト解説
　1944年4月11日、第613「シティ・オブ・マンチェスター」飛行隊の6機のFB Ⅵは第二次大戦でも指折りの精密爆撃を行った。平和宮殿に近いクンストザール・クレイカンプ美術館に保管されていたオランダ中央住民登記簿が目標だった。住民登記簿はゲシュタポが、強制収容所に移送するべきオランダ人家族に関する記録を収集したり、レジスタンスの闘士たちの親族を報復として処刑するために使用したので、重要な目標になっていた。以下の記述はレスリー・ハントの著書『第21飛行隊』(Garnstone Press, 1972) からの抜粋である。
「4月11日、わずか高度50フィートを飛行するベイトソン中佐は6機のモスキートを率いていた。3個のペアが2分間隔で進入し、高性能爆弾と焼夷弾を投下する計画だった。ベイトソンは先頭のペアを率いて、家屋の屋根をかすめるようにして目標の建物に直進した。正面玄関に任務についていたドイツ人衛兵は恐怖の叫び声を上げ、小銃を放り出して命からがら逃げ出した。2番機に搭乗していたP・C・コブリー大尉は、隊長機の爆弾が正面玄関に飛び込むのを目撃した。その建物の裏庭では閲兵が行われており、サッカーをしている休憩中の兵士たちもいた。コブリー機を目にすると、兵士たちはもはやゴールを決めるどころではなく、あらゆる方向へ逃げ散った。コブリーも目標に爆弾を命中させた。次のペアはニューマン少佐が率いていた。目標の建物は煙で部分的に見えなくなっていたが、彼と僚機はその中に焼夷弾を投下した。最後にやって来たのはV・A・ヘスター大尉とあるオランダ人パイロットだった。ヘスターは遅延信管付き爆弾と焼夷弾で攻撃を行ったが、そのオランダ人の機では爆弾が機体から離れなかった。彼はさらに2回、目標上空を旋回して爆撃行程に入ったが、爆弾を投下できず、命中弾を記録することなく帰還せざるをえなかった」
　周囲の建物にはいかなる被害も与えずに5階建ての建物を瓦礫に変え、モスキートはノーフォーク州スワントン・モーリー基地に帰還した。1944年5月1日、BBCラジオでベイトソン中佐が「ハーグのある建物」と題してこの作戦の体験談を語り、その3日後、作戦に参加した搭乗員たちは国王ジョージⅥ世に謁見した。

凡例
■イギリス空軍とドイツ空軍のおもな部隊組織については以下のような訳語を与えた。
イギリス空軍(Royal Air Force=RAF)
Command→軍団、Group→群、Wing→航空団、Squadron→飛行隊、Flight→小隊、Section→分隊
ドイツ空軍(Luftwaffe)
Luftflotte→航空艦隊、Geschwader→航空団、Gruppe→飛行隊、Staffel→中隊、Jagdgeschwader(JGと略称)→戦闘航空団、Kampfgeschwader(KGと略称)→爆撃航空団、Schnelkampfgeschwader(SKGと略称)→高速爆撃航空団
■叙勲されたイギリス空軍士官の氏名のあとに続くアルファベット表記は、以下の勲位の略称である。
DFC (Distinguished Flying Cross)→殊勲飛行十字章
VC (Victoria Cross)→ヴィクトリア十字勲章
AFC (Air Force Cross)→空軍十字章
DFM (Distinguished Flying Medal)→殊勲飛行章
KCMG (Knight Commander of St. Michael and St. George)→聖マイケル・聖ジョージ上級勲爵士
DSO (Distinguished Service Order)→殊勲章
OBE (Order of the British Empire)→大英帝国第4級勲爵士
CB (Companion (the Order of) the Bath)→最下級バス勲爵士
略称のあとにアスタリスク(*)が添えられている場合は、線章が与えられていることを示している。

翻訳にあたっては「OSPREY COMBAT AIRCRAFT 4 MOSQUITO BOMBER/FIGHTER-BOMBER UNITS 1942-45」の1997年に刊行された版を底本としました。[編集部]

目次
contents

6	1章	低空襲撃作戦 Low-Level Raiders
15	2章	シャロー・ダイヴァーズ The 'Shallow Divers'
30	3章	パスファインダー部隊 The Pathfinders
55	4章	第2戦術航空軍 2nd TAF
74	5章	波頭を越えて Above the Waves
86	6章	ビルマのブリッジ・バスターズ The BURMA 'BRIDGE BUSTERS'

96	付録 appendices

41	カラー塗装図 colour plates
97	カラー塗装図 解説

49	乗員の軍装 figure plates
103	乗員の軍装 解説

chapter 1

低空襲撃作戦
Low-Level Raiders

　1941年11月、ノーフォーク州スワントン・モーリー基地において、ブレニム装備の第2航空群第105飛行隊が革新的な新鋭機、デ・ハヴィランドB Mk IVモスキートをついに受領し、モスキートが配備されたイギリス空軍爆撃軍団の最初の部隊となった。爆撃機／写真偵察機（PR）の試作機（W4050）は1940年11月25日に飛行していたが、1941年までに実戦で使用されたタイプは写真偵察に使用されたタイプだけだった。生産は長く、ときに苦痛に満ちた開発段階を経たのちにようやく始まったのだ。ある時期には開発計画全体が放棄されそうになったこともあった。ハットフィールド工場のデ・ハヴィランド社経営陣は、設計図ができあがる前から、乗員2名、防御武装なしの木製爆撃機の構想は成功すると分かっていた。その爆撃機は敵戦闘機を引き離すための速度だけに頼るのだ。しかし、この時期のロンドンでは防御武装なしの爆撃機は呪われた存在だった。1940年12月30日にやっとデ・ハヴィランド社はモスキート150機の契約を受けたが、何機が戦闘機になり、何機が偵察機になるかは明記されておらず、もちろん何機が爆撃機になるかも明記されていなかった。

　1941年6月に戦闘機型が承認された。翌月になってようやく空軍省に防御武装なしの木製爆撃機の生産を発注するべきだと確信させることができ

1941年11月15日、デ・ハヴィランド社の主任テストパイロット、ジェフリー・デ・ハヴィランド・ジュニアは第105飛行隊指揮官ピーター・H・A・シモンズ中佐（DFC）と彼の部下の搭乗員および地上要員にモスキートの試作機W4064を彼らのスワントン・モーリー基地で披露した。同月、ハットフィールドの生産ラインから最初のMk IVが現れ、11月17日にW4066がシモンズ中佐の部隊に領収されてイギリス空軍に就役した最初のモスキートB Mk IV爆撃機となった。第105飛行隊のモスキートでの最初の作戦は1942年5月31日だった。B Mk IVは当初、機数が少なかったので、第105飛行隊は姉妹部隊の第139飛行隊と機体を共有してノーフォーク州の基地から作戦を行わなければならなかった。（RAF Marham）

た。それはデ・ハヴィランド社の強力なロビー活動の結果だったが、なんといってもモスキートがまさにデ・ハヴィランド社が言うとおりの性能を示したからだった。1940年12月の試験で、2速1段の過給器を付けたマーリン21型エンジンを装備した試作機は時速255マイル(408km/h)を出した。1941年1月16日にはW4050は高度6000フィート(1800m)のテストでスピットファイアを引き離し、7月には同じ機体が(この時はマーリン61型を装備して)高度28500フィート(8550m)で時速433マイル(692km/h)を出したのだ!

最終的に空軍省が爆撃機型を承認したときには約50機を発注した。各機は250ポンド(113kg)爆弾4発を搭載できることとされ、さらに写真偵察型として契約された19機のうちの10機も防御武装なしの爆撃機として完成させるように指示がでた。これらの機体は初期型の短いエンジンナセルのままで、B MkIVシリーズIとして知られることになる。

イギリス空軍マーハム基地で第105飛行隊と第139飛行隊の搭乗員がB Mk IVの側に集う。左端(カメラに背を向けている)は第139飛行隊のジャマイカ生まれのペレイラ中尉で、話を交わしているのはJ・ゴードン大尉(救命胴衣の緩めている)である。第139飛行隊の最初の出撃は1942年7月2日で、2機のB MK IVがフレンズブルクで高々度爆撃を実施した。
(RAF Marham)

爆撃機型B Mk IVの試作機であるW4072は1941年9月8日に初飛行した。それに続いて292機(27機はのちにPR Mk IVに改修)が生産されたB Mk IVシリーズIIは、より長いエンジンナセルを装備しており、2000ポンド(907kg)の爆弾を搭載したうえに50ガロン(227リッター)のドロップタンクの装備が可能だった。さらに、尾部の安定板を短くするだけで2000ポンドの爆弾が搭載可能であったのだ。

1941年11月15日、第105飛行隊指揮官のP・H・A・シモンズ中佐(DFC)と彼の部下たちは、デ・ハヴィランド社のチーフ・テストパイロット、ジェフリー・デ・ハヴィランド・ジュニアがW4064で飛行場の上空に現れた時には大いに感銘を受けた。「木製の驚異(ウッドゥン・ワンダー)」は馬力と性能でブレニムをはるかに凌駕しており、ジェフリー・デ・ハヴィランドは目を見張るような素晴らしい飛行を披露して、時速300マイル(480km/h)近くで草地の飛行場上空を500フィート(150m)の低空で駆け抜けて見せた。このハットフィールド工場から来たテストパイロットはそれから高度3000フィート(900m)で垂直にバンクを打ったのち、小さな半径で旋回したので、翼端から飛行機雲が出た。感銘を受けなかったのは銃手たちだけだった。なぜなら、彼らは今やモスキートの必要とする乗員からは余分となってしまったのだ。一方、航法士たちは無線機の使用方法を学ばなければならないことになる。

11月17日、W4066、すなわちイギリス空軍で最初に実戦配備された爆撃機型モスキートが第2航空群司令、ダルビアク少将と彼の参謀たちにより、

スワントン・モーリー基地で受領された。その後、さらに3機のMkⅣ（W4064、W4068、W4071）がジェフリー・デ・ハヴィランドとパット・フィリンガムによって届けられた。12月には第105飛行隊はノリッジのすぐ町はずれにあるホーシャム・セントフェイス基地に移動した。新しい機体の供給は遅れた。安定板の短い500ポンド（227kg）爆弾を開発する必要があったためである。その爆弾なら、より小さな250ポンド爆弾の代わりに4発搭載することが可能だったのだ。1942年5月中旬にはわずか8機のMkⅣが作戦可能だった。そのうちの1機はローレンツ進入方向指示装置を装備し、別の機（DK286）は新型のMkXIV爆撃照準器を実戦テスト用に装備していた。

　第2航空群はできるだけすみやかにモスキートを実戦に投入することを熱望し、デ・ハヴィランドの爆撃機は1942年5月31日の夜明けにしっかりと実戦デビューを果たした。それはイギリス空軍が初めて行った「1000機爆撃」作戦の直後で、その作戦の攻撃目標はケルンだった。500ポンド爆弾とF.24型カメラを装備した4機のMkⅣ（先頭はA・R・オークショット少佐が操縦）がセントフェイス基地を離陸し、破壊されたばかりの都市に爆弾を投下した。その後、手早く「ミレニアム」作戦の結果を写真に撮ると、彼らは基地へと引き返した。目標地域に最初に到達したのはオークショット少佐で、高度24000フィート（7200m）でケルン上空を飛行し、その高度から爆弾4発を投下した。しかし、その頃には「1000機爆撃」作戦の火災の煙が高度14000フィート（4200m）に漂っており、オークショット少佐の写真撮影の障害となった。オークショット少佐は無事にノーフォークに帰還したが、ほかの2機（W・D・ケナード少尉機とE・R・ジョンソン少尉機）は目標地域上空で対空砲火によって撃墜された。

　翌日の正午過ぎに2組の搭乗員（コステロ＝ボウエン少尉とトミー・ブルーム准尉組およびJ・E・ホウルストン大尉とJ・L・アーミテイジ曹長組）が再び高々度からケルンを爆撃し、今回は2機とも無事に帰還した。その午後の後

第105飛行隊のB MkⅣ、DZ353/EとDZ367/Jが写真撮影のために高空で編隊を組む。後者は1943年1月30日にベルリン空襲で未帰還となり、D・F・W・ダーリング少尉（DFC）とW・ライト中尉の両名は戦死した。DZ353はその後、第139飛行隊で使用され、続いて1943年11月24日に第8航空群（パスファインダー部隊）第627飛行隊にAZ-Tとして配備された。1944年1月8日、同機はウェイブリッジのヴィッカース・アームストロング社工場から離陸する際に両主脚が折れるという事故を起こした。パイロットのG・H・B・ハッチンソン中佐も航法士のF・フレンチ中尉も大きな負傷はしなかった。その後、修理されてコードレターをAZ-Bに変更されたこの歴戦の爆撃機は1944年6月8日にレンヌの鉄道操車場を攻撃した際に撃墜され、H・"ハリー"・スティア大尉（DFM）とオーストラリア空軍K・W・"ウィンディ"・ゲイル中尉（DFC）が戦死した。スティア大尉は実は、第19飛行隊に勤務した1940年以来のスピットファイアのエースだった。(RAF Marham)
［訳注：詳細は本シリーズVol.7『スピットファイアMkⅠ/Ⅱのエース1939-1941』を参照されたい］

刻、R・J・チャナー少佐が離陸して、厚い雲の中をケルンから60マイル(96km)の地点まで飛び、時速約380マイル(608km/h)で低空へ急降下して、さらに写真を撮影した。6月1日の夜には、さらに2機のモスキートがケルンに出撃したが、1機が帰還しなかった。

　ホーシャム・セントフェイス基地のモスキートは2回目と3回目の「1000機爆撃」作戦でも同様の作戦を繰り返した。2回目の攻撃は6月1〜2日にエッセンに対して、3回目の、そして最後の攻撃は6月25〜26日にブレーメンに対して行われた。D・A・"ジョージ"・パリー大尉とヴィクター・ロブソン中尉は単機でエッセンまで2時間5分の往復飛行を行い、500ポンド爆弾4発を目標に投下したが、再び煙のために写真撮影ができなかった。6月25、26日には、第105飛行隊の6機のMk IVが3回目の「1000機爆撃」作戦中と作戦後に爆撃および写真偵察任務を行った。これらの初期の出撃は、来るべき作戦のために経験を得るのに役立った。

　これらの歴史的な爆撃軍団の作戦が行われるなか、ホーシャム・セントフェイス基地では6月8日に第139飛行隊が編成されている。ピーター・シャンド中佐(DFC)の指揮の下、この部隊は第105飛行隊から移った搭乗員とひと握りのモスキートMk IVによって構成された。7月2日には両部隊の最初の合同作戦が行われ、第105飛行隊の4機がフレンズブルクのUボート基地に対して低高度攻撃を遂行し、第139飛行隊のモスキート2機が高々度から同じ目標を爆撃した。2機のモスキートがドイツ軍戦闘機によって撃墜され、J・C・マクドナルド大佐が捕虜となり、昇進したばかりだったオークショット中佐(DFC)は航法士のV・F・E・トレハーン中尉(DFM)とともに戦死した。ジャック・ホウルストン少佐はUボート基地を離脱する際に3機のFw190に追われ、G・P・ヒューズ大尉は対空砲の命中弾を受けたのち2機の敵戦闘機に追跡された。ふたりのパイロットとも波頭をかすめるように逃げ、プラス12ポンドのブーストで追跡していた敵機を引き離すことができた。

　7月11日には、ダンツィヒのUボート基地を攻撃する44機のランカスターのための陽動作戦として、第105飛行隊のモスキート6機が再びフレンズブルク基地を爆撃した。ラストン少尉は尾翼の一部を対空砲火に吹き飛ばされながら帰還したが、ヒューズ大尉とT・A・ゲイブ中尉は戦死した。彼らの乗機が墜落したのは、あまりにも低空を飛行したためかもしれない。ピーター・W・R・ローランド軍曹は、それよりはいくぶんか幸運だった。というのも、彼がホーシャムに帰還した時にはDK296の機首に煙突の通風管の一部が食い込んでいたのだ！

　7月の残りの期間には、低高度爆撃や高々度爆撃、そして、雲に隠れながらオランダのエイマイデンやドイツ全土の都市に対する爆撃が昼間作戦として行われた。これらの攻撃作戦の第一の目的は空襲警報のサイレンを鳴らすことで、その結果、ドイツの工業生産を最大限に妨げたのである。

エドワーズ中佐の指揮下で
The Edwards Era

　1942年8月3日、ヒューイ・I・エドワーズ中佐(VC,DFC)が105飛行隊の指揮を引き継ぐためにマルタ島から到着した。オーストラリア人の彼は1941年7月4日にブレニムで行ったブレーメン空襲での勇敢な指揮によってVC勲章を授与されていた。エドワーズ中佐の着任と時を同じくしてチャールズ・

パターソン大尉も着任した。彼もまたブレニムで1回の前線勤務を経験していた（勤務は第114飛行隊）。以下はパターソンの回想である。
「私は最初、ボストン装備の部隊に送られたんだが、何とかヒューイ・エドワーズの部隊に転属することができた。モスキートは心躍るような新鋭機で、あれを飛ばすのは皆の究極の目標であり大いなる願いだったんだ。敵戦闘機より速いとまではいかなくても同じくらい速いので、防御武装なしでヨーロッパを横断して帰ってこれるという噂が広がっていた。本当に素晴らしい飛行機だったので、我々の小さな世界ではモスキート部隊に行くというのが誰もが抱く夢だったんだ。もちろん私も夢見ていた。
「エドワーズは第2航空群では伝説的な存在だったが、それは彼の功績のためだけではなく、彼個人が素晴らしい人間だったからだ。彼はただいるだけで計り知れない影響力を与えた。彼の指揮の仕方というのはとらえどころがなく、いい表すのはむずかしい。彼の態度や精神を鼓舞する能力に関係していたと思う。彼はとても想像力と感受性が豊かだったが、効率ということを大事にし、それにはふたつの目的があると強調していた。ひとつめは目標に爆弾を命中させなければならないということで、ふたつめは搭乗員は生還を期するためにあらゆる可能性を検討しなければならないということだった。彼は私が出会ったどの指揮官よりも攻撃の成功とあわせて生還ということを考えていたんだ。彼は使命感や目的意識に訴えるのではなく、自分の恐怖心を克服するという無上の達成感によって、搭乗員たちを鼓舞した。恐怖心を否定するのではなく、大っぴらにして、それを克服することを究極のゴールにしたんだ。彼は自分の恐怖心をまったく隠そうとはしなかった。
「このことをいちばん良く示していると思う話がある。エドワーズの指揮で6組の搭乗員がルール地方の都市を高々度から空襲する時のことだ。このような作戦での損害がとくに大きかった時だ。我々は朝の5時に、当然とても暗い雰囲気で席について朝食をとっていた。その時、トミー・ウィッカムという、これから初出撃をする若い少尉が『これは死か栄光かという任務ですよね？』と唐突に話を始めた。まず、初出撃の少尉がこんな時に口をきくものでは絶対になかった。我々のほとんどが、態度で不賛成をほんの少しばかり示したんだ。しかし、エドワーズは体を前に傾けて、彼を見てこう言った『任務の中に栄光はないんだよ。任務自体に大きな意義があるんだ』。この言葉は我々全員に電撃的な効果があった。我々は皆、最高に重要な任務に出撃するのだと感じながら飛び立った。しかし、それは戦争遂行のために重要なのではなく、我々自身と我々の部隊のために重要なのであり、栄光や

1942年9月25日に第105飛行隊がオスロのゲシュタポ司令部を攻撃した際に、ジョージ・パリー少佐（DSO,DFC*）とヴィクター・"ロビー"・ロビンソン中尉（DFC*）が搭乗したDK296/「ジョージのG」から撮影した写真である。パリー大尉はモスキート4機による攻撃を率いていた。この写真には、彼の爆弾が目標に直撃し（左端のA）、ヴィクトリア・テラスでまさに爆発しようとしているところが写っている（爆弾には11秒遅延信管が装着されていた）。Bは中央のドーム型円蓋で、搭乗員たちはその上にナチの旗が揚がっているのを見た。写真上、左のCが示しているのは大きな白い大学の建物である。投下された12発の爆弾のうち、5発は不発となり、3発はゲシュタポ司令部の建物を突き抜けて外で爆発した。
（BAe Hatfield via Philip Birtles）

報酬を思うことなく、それ自体のために任務を遂行できることを彼に示すためだったんだ。

「モスキートでの作戦はブレニムでの作戦よりずっと大胆だったが、損失は少なかった。私が第105飛行隊に着任した当初は、作戦はきちんと計画されておらず、モスキートの役割がどのようなものであるべきか誰も分かっていなかった。最初は、白昼の高々度作戦で、戦闘機の掩護もなく、数発の爆弾を投下していたんだ。これは夜間空襲のあとの『いやがらせ爆撃』で、サイレンを鳴らして労働者を隠れさせ、工場から追い出そうという考えだった。だけど、爆撃軍団の戦略家たちはFw190のことを考えていなかったんだな。Fw190は高いところではモスキートMkⅣよりわずかに速く、運動性能はずっと良かった。モスキートはスピットファイアと同じ速度だったが、戦争のこの時期には、Fw190はスピットファイアより少しばかり速かったんだ。それで、1942年7月から9月の間のモスキートの損失は、前年に低高度昼間爆撃を行ったブレニム部隊が被ったのと同じくらい大きかった。モスキートは全部廃棄してしまうべきだという意見さえあった。それでも、我々はこの飛行機に信頼しきっていたので、受容できる損失率で運用することができないなどということは信じられなかった。

オスロ空襲の直後にマーハム基地で第105飛行隊の「ジョージのG」の前でポーズをとるヴィクター・ロビンソン大尉（DFC*）とジョージ・パリー少佐（DSO,DFC*）。(DAG Parry Collection)

「ヒューイ・エドワーズは小隊長たちとそのふたりの小隊長代理を自ら選び出した。私の分隊長はピーター・チャナーだった。基地司令のカイル大佐（のちのサー・ウォレス大将）と"エディ"は新しい搭乗員に実戦を経験させるために、短時間で済む作戦を立てることにした。そういうわけで、8月5日の目標に選ばれたのはエイマイデンの製鋼所だった。これはブレニムの時代には恐るべき攻撃目標と見なされていたのだ。この実戦訓練の計画は、午前中に3組の新人搭乗員、あるいは2組の新人搭乗員と指揮官を出撃させ、午後にも同じ攻撃目標に新人2組と別の指揮官を送り出すというものだった。

「私は午後に出撃する組に入り、ロイ・ロールストン大尉について行くことになった。OTU（Operational Training Unit：実戦訓練部隊）で教官として同僚だった彼は、ホールトン（空軍技術学校）出身で、軍曹上がりのパイロットだった。彼の航法士はシド・クレイトンだった。ロールストンは、ヒューイ・エドワーズを含めて多くの人から史上もっとも偉大な爆撃機パイロットだと思われていた。彼はブレニムに搭乗して、昼間作戦で2回、夜間作戦で1回の前線勤務を行い、夜間作戦のモスキートで非常に長い前線勤務を1回完了している。彼は本当に4回もの前線勤務をしたのだ。彼とクレイトンは目標を発見して爆弾を命中させることでは誰にも越えられない記録を持っていた。ふたりで一緒に100回の出撃を行ったのだ。

「エイマイデン攻撃はとても短時間でかなり容易な作戦だった。オランダの海岸を越えて北に向かい、それから南に進路を変えると、我々の正面に製鋼所が現れた。多数の小口径の対空砲が撃ち上げられてくる。私は空いっぱいに、屋根の上ぎりぎりにとか、あっちこっちへモスキートを振り回した。海岸から離脱するときにはいつものように大口径の対空砲射撃が始まった。海面で炸裂する砲弾で巨大な水柱がいくつも上がる。離脱する時には編隊を組んではいない。皆、自分のことで手いっぱいになっているのだ。

「その数日後、作戦室に出頭するように言われた。地図に私の航路が示されていた。モスキートの基準から見ても、私はそれを見てかなりゾッとした。"ボマー"・ハリス[*1]はその晩の爆撃作戦のためにドイツ上空の天候がど

ヒューイ・アイドウォル・エドワーズ中佐は1914年8月1日、ウェスタンオーストラリア州モスマンパークでウェールズ人の両親に生まれた。1942年8月に彼が二度目に第105飛行隊の指揮官となったとき、まだ28歳だったが、すでにイギリス帝国で最高の勲章、ヴィクトリア十字章を授与されていた。それは1941年7月4日のブレーメンへの大胆な昼間爆撃作戦、「残骸」作戦で第105飛行隊のブレニム9機を指揮したことに対する叙勲だった。エドワーズはヴィクトリア十字章を授与されたわずかにふたりめのオーストラリア人の搭乗員だった(ひとりめは第一次大戦の陸軍航空隊のF・H・マクナマラ中尉)。1943年2月10日、エドワーズは臨時大佐に昇進し、ビンブルック基地司令となった。1944年には東南アジア軍団に配属され、1945年末まで上級航空幕僚の役職に就いていた。エドワーズは1947年にOBE勲章を授けられ、1958年には准将に昇進し、1963年に退役した。彼はその後、母国に戻り1974年にウェスタンオーストラリア州の知事となり、在任中にナイトの爵位に叙せられた。残念ながら、健康を害したため在任9ヵ月にしてその職を退かなければならなかった。オーストラリアでもっとも叙勲された搭乗員、サー・ヒューイ・アイドウォル・エドワーズ准将(VC、KCMG、CB、DSO、OBE、DFC*、KStJ)は1982年8月5日に世を去った。(RAAF)

んな具合か知りたかったのだが、『天気屋』の連中はあんまり分からなかったのだ。その日は素晴らしい天気の、空気の澄んだ9月のある日で、イングランド上空には雲ひとつなかった。私は高度25000フィート(7500m)でオランダの海岸まで飛び、そこからまっすぐにマクデブルクへ飛ぶように言われた。そこから帰途につくのだが、北東へ飛んでベルリンを通過してロストクまで行き、デンマークの北西部上空をエスビエルまで飛んでからイングランドに戻ってくるというのだ。

「なんといっても、この任務はモスキートを航続距離の限界まで飛ばすことになる。私の機はその時間にドイツ上空を飛行している唯一の連合軍機だと言われ、戻ってくるチャンスはかなり小さいように思えた。それがいかに困難であるかを示すように、"エディ"は私に、この任務に送り出すのは気の毒だが、これはやらなければならない任務なんだと言った。そして、彼は目を輝かせながら、こう言ったんだ。『君は結婚していないだろ。そいつは私たちが考えに入れなくちゃいけないことなんだよ』。

「この任務は本当に難しい任務だったので、じつのところ、思い悩む時間もあまりなかった。作戦高度に昇っていくにつれて、ひどくボンヤリしてきて、頑張って計器に意識を集中しなければならなかった。どうしたわけか、酸素チューブが外れていたんだ。私の航法士のイーガン軍曹がそれに気づいたのは高度25000フィート(7500m)近くに昇ってからだった。突然になにもかもが鮮明になった。オランダの海岸全体が見渡せ、オランダが地図のように私の前に広がっていた。私はすっかり気分が回復していた。"エディ"の影響力はこんなにも大きかったんだ。私は彼のことを思うだけで、高度25000フィートで酸素が足りなくなりながらも、飛び続けていられたんだ。

「マクデブルクまでのほぼ半分を飛んだところで、イーガンが突然叫んだ。『スナッパーズ(敵戦闘機)!』私は『なんてこった、これでおしまいだ』と思いながら、モスキートを垂直の錐揉み急降下に放り込んだ。すると、イーガンが私に言った。『あっと、申し訳ありません。ただの虫でした!』私は大いに安堵して、飛行を続けた。この高度では絶えず後方を見張って、飛行機雲を引いていないかどうか確認する必要がある。もし引いていたら、すぐに高度を落とさなければならないのだ。私たちはマクデブルクまで素晴らしい青空の中を進んだ。100マイル先まで見渡せた。北東に針路を変えると、ありがたいことに雲に出会い、その雲はロストクまで続いていた。ロストクはこの任務でいちばん危険な地域だった。私たちが雲から抜けると、青空になり、眼下にはバルチック海が広がっていた。エスビエルに達すると、私は安堵のため息をつきながら海面へ、つまり身の安全に向かって急降下した。ホーシャム・セントフェイスに帰還したのは夕暮れが始まろうとする頃だった。少しばかり面食らったヒューイ・エドワーズが私たちを出迎えてくれた。私たちから連絡がないので、彼は私たちを損失扱いにしていたんだ」

8月29日、エドワーズ中佐と彼の航法士、H・H・"ブラッダー"・ケアンズ中尉(DFC)はポンタ・ヴァンダンの発電所を爆撃した第105飛行隊の2機のモスキートの1機に搭乗していた。帰還する途中、モスキートは敵領内40マイル(64km)の地点で1ダースのFw190に攻撃された。敵戦闘機は正面から接近し、旋回して後方から逃走する爆撃機を追撃した。しかし、モスキートは容易に攻撃側を引き離した。とはいえ、両機とも敵から命中弾を受け(エドワーズ中佐のモスキートは左エンジンに命中弾を受けた)、この指揮官はケ

ント州リムに胴体着陸せざるをえず、もう1機のMkⅣはケンブリッジシア州オーキントンに不時着した。

9月19日、第105飛行隊はそれまででもっとも大胆な作戦を行った。6組の搭乗員が初めてモスキートによるベルリン昼間空襲を試みたのである。N・ブース軍曹（DZ312）とモナハン曹長（DK336）は途中で引き返さざるをえず、ロイ・ロールストン大尉とシドニー・クレイトン中尉はベルリンが雲に覆われているのを見て、ハンブルクを爆撃した。ジョージ・パリー大尉とヴィクター・ロブソン大尉（DK339）は二度にわたってFw190に迎撃されたが、なんとか逃れることができた。パリー大尉はハンブルク近郊で爆弾を投下して帰途につき、ドイツ北岸を横切ってオランダに向かった。オランダ沖に出たところを高度1000フィート（300m）で2機のBf109から攻撃を受け、1機から命中弾を受けたが、パリー大尉は海面ぎりぎりまで高度を落として敵機を引き離した。N・H・F・メサーヴィ少佐（DFC）とF・ホランド少尉が搭乗したDK326/Mはヴィルヘルムスハーフェン近く、ヴェザームンデとシュターデの間で第1戦闘航空団第2中隊の小隊長、アントン＝ルドルフ・"トニ"・ピッファー曹長に撃墜された。つまり、実際に「ビッグ・シティ」の爆撃に成功したのはC・R・K・ブールズ准尉とG・W・ジャクソン軍曹だけだったということである（両名とも1942年10月9日に戦死する）。

6日後の9月25日、第105飛行隊は、ロンドンのノルウェー亡命政府の要請にしたがって、オスロのゲシュタポ司令部に対する昼間爆撃という重要任務を行った。この特別作戦を先導したのは、今や少佐となったジョージ・パリーと、彼の航法士の"ロビー"・ロビンソン中尉だった。ほかの3組の搭乗員は、ピート・ローランド大尉とリチャード・ライリー中尉組、アレック・ブリス

ヒューイ・エドワーズ中佐（左）といつも彼の航法士を務めたC・H・H・"ブラッダー（膀胱）"・ケアンズ大尉が次の出撃のためにマーハム基地でモスキートに搭乗する準備をしている。1942年末の撮影。
(via Philip Birtles)

トウ中尉とバーナード・マーシャル少尉組、そしてゴードン・カーター曹長とウィリアム・ヤング軍曹組だった。作戦距離を短くするために、4機のモスキートはまずスコットランドのルーカス基地まで飛び、そこで給油して11秒の遅延信管付き500ポンド(227kg)爆弾4発を搭載し、北海を越えて出発した。作戦は往復1100マイル(1760km)で飛行時間は4時間45分になった。モスキートのそれまでで最長距離の作戦だった。爆撃機は迎撃を避けるために、北海上空を高度50〜100フィート(15〜30m)で飛行し、搭乗員たちは行程全体を推測航法で進んだ。

　低空飛行にもかかわらず、ドイツ第5戦闘航空団第3中隊のFw190、2機が目標に向かうモスキートを迎撃し、カーター曹長機は湖に墜落した。ローランド大尉とライリー中尉は別のFw190に追われたが、そのFw190は樹に衝突して追撃を中止せざるをえなかった。少なくとも4発の爆弾がゲシュタポ司令部に命中し、1発は司令部の中に留まったが不発に終わり、3発は反対側の壁を突き破って外に出てから爆発した。1942年9月26日の晩、BBCの一般向け放送を聞いていた人々は、イギリス空軍によって初めて公式に新鋭機、すなわち、モスキートが明らかにされたことと、その4機がオスロ市街を超低空で空襲したことを知らされた。

　この作戦の直後にホーシャム・セントフェイスはアメリカ陸軍航空隊のリベレーターの基地に割り当てられたため、9月29日に第105飛行隊と第139飛行隊はマーハムの新しい基地へと移動を開始した。この基地は第3航空群から第2航空群へ移管されたところだった。そしてこの基地は1944年3月までモスキートの作戦において主要な役割を果たすことになる。チャールズ・パターソン大尉の回想——

「マーハム基地に移動したすぐあとから、第105飛行隊の大いなる栄光の時代が始まったんだ。エドワーズは戦術を高々度昼間爆撃から低高度昼間爆撃に変更し、暗くなる20分前に爆撃するようにした。その時間なら、目標を発見するのに充分な明かりがあって、深まる夕闇に隠れて帰ってこられる。これはモスキートの標準的な戦術となって、非常にうまくいった。私たちはこの方法でヨーロッパ内陸の深いところへ大胆な空襲を何度も行ったが、一度も戦闘機に迎撃されなかった。小口径の対空砲火による損失はあった。間違った場所で海岸を越えたり、防御された地域を攻撃したりした時のことだ。しかし、それはあたりまえのリスクだった」

訳注
[*1]：爆撃軍団司令のアーサー・ハリス大将のあだ名。

chapter 2
シャロー・ダイヴァーズ
The 'Shallow Divers'

　1942年10月2日、第105飛行隊の6機のモスキートが新しいタイプの戦術を使用してリエージュを攻撃した。この戦術はピンポイントの攻撃目標に対する爆撃精度を劇的に向上させることになる。「伝統的な」低高度爆撃とは別の「シャロー・ダイヴィング（浅い急降下爆撃）」という戦法が搭乗員たちに紹介された。その戦法では、搭乗員は目標到達の直前に高度2000～1500フィート（600～450m）に急降下し、その低い方の高度で爆弾を投下するのだ。1943年には配備されるB Mk Ⅳの機数も多くなり、しかるべき11秒遅延信管爆弾を搭載した低空攻撃の第1波と協同した「シャロー・ダイヴァーズ」がこの戦術を使用することが何度もあった。その場合、最大で20機のモスキートが同時に目標に集中した。チャールズ・パターソンはそのことを鮮明に憶えている。

　「1942年10月と11月の間、私はドイツ本土深くに侵攻する胸が高鳴るような作戦を何度も行った。高々度で進入して、低高度で帰ってくるんだ。それは大いに心躍る体験だった。私の申し分なく優秀な航法士が病気になって任務から外されてしまったので、私は航法士なら誰であろうと連れて行かなければならなかったが、たいてい、それはほかの誰も連れて行きたがらない航法士になった。（光線の状態が良くない中を低空飛行すると）飛行時間の80％はどこを飛んでいるのか、これっぽっちも見当がつかない航法士を連れて行くということで、少しばかり余計に興奮を味わうことになった。それはまた、私が率先して行動し、判断する必要性が増したということだった。

1942年12月9日、第105飛行隊のロイ・ロールストン少佐（DSO,DFM）とシド・クレイトン大尉（DFC,DFM）は爆撃作戦を非常に上首尾に終えた。2機のB Mk Ⅳを率いて計3機でフランスの鉄道トンネルの入口に反跳爆撃を行ったのである。その攻撃はトンネルと反対側の線路に損害を与え、ドイツ側が修理するのが困難になるように計画されていた。
(via Philip Birtles)

　「11月の中頃になると、私たちは皆、天候が許せば、来る日も来る日も低高度編隊爆撃の訓練をするようになった。大きな爆撃作戦があるためだということは皆が理解していた。航空群全体が参加する予定だったが、それはヴェンチュラ、ボストン、モスキートが一緒に作戦して、目標上空に同時に到達しなければならないということだった。それぞれの機種の戦闘速度が違うので、作戦担当者は頭が痛かったわけだが、私のような普通のパイロットが悩むことではなかった。

　「11月20日の朝、エドワーズ中佐が私にジミー・ヒル中尉を紹介してくれ

上2葉●第2航空群が1942年12月6日にオランダ、アイントホーヴェンのフィリップス・ストレイプ・グループの主工場を攻撃した際の写真である。10機のB Mk IV（第105飛行隊から8機、第139飛行隊から2機）を含めて約84機の爆撃機が「オイスター」作戦と名づけられた攻撃に参加した。ヒューイ・エドワーズ中佐（VC,DFC）に率いられたモスキート部隊はストレイプ工場にシャロー・ダイヴィング爆撃を行い、ほかの爆撃機は低高度から爆撃した。第139飛行隊のJ・E・ホールストン少佐は作戦直後に爆撃結果の評価を行っている。(via GMS)

た。説明では、彼はイギリス空軍映像撮影部隊（Film Unit）から来たとのことだった。彼は私のモスキート（DK338/「オレンジのO」）にシネカメラを装備し、私は彼を連れてスケルデ川河口へ低高度で偵察飛行をすることになった。河口からの行程を撮影して、来るべき『大作戦』の際に攻撃隊がそれを使用するというのだ。このシネフィルムは搭乗員たち、とくに部隊を先導する航法士たちに作戦を説明する時に重要な航法上の手がかりとして役立つ予定だった。実際にこの偵察作戦をすれば、初めてシネカメラが搭載されることになる。お偉いさんは私に、航法を自分でやらなければならないと言ったが、ヒルは航法士の課程を終えているとも言った。

「スケルデ川河口からオランダ本土をヴーンストレヒトの戦闘機の飛行場まで飛んで戻ってくるだけで良かったのだが、低空飛行をするわけにはいかなかった。前方にある島々の眺望を得ることのできる、ちょうど良い角度でシネカメラの撮影をするために、高度約300フィート（90m）で飛行しなければならなかったのだ。私たちは幸運にも、推測航法で正しい進入開始地点にたどり着き、ヒルはシネカメラを持って機首に降りていった。とても平和な風景だった。私たちはスケルデ川の河口から快調に進んでオランダ内陸を飛行し、ヴーンストレヒト飛行場の格納庫が地平線に見えたところで急旋回して再び帰還した。さて、連中は非常に興奮しながらこのフィルムを現像した。私が着陸した時にはゴーモン・ブリティッシュ・ニューズと私のペットのスパニエル犬が待っていたので、私の犬もニュースに登場することになったんだ！ しかし残念なことに、フィルムが映写機にかけられるとすぐに、航法士の役には立たないことがはっきりした。というのも、フィルムに写っている島々はオランダ沿岸のほかの島々とよく似ていたんだ」

1943年5月1日、チャールズ・パターソンの愛機だったDK338はアイントホーヴェン攻撃のために離陸したが、離陸直後に片方のエンジンが停止してマーハム基地近くに墜落し、ニュージーランド空軍所属のO・W・トンプソン中尉（DFC）とW・J・ホーン中尉（DFC）が死亡した。この機体はそれまでに23回の出撃を成功させていた。

「オイスター」作戦
Operation OYSTER

1942年12月6日の「オイスター」作戦では第2航空群のモスキート、ボストン、ヴェンチュラ合わせて84機がオランダのアイントホーヴェンにあったフィリップス・ストレイブ・グループの主工場と真空管と電球を製造するエマシンゲル工場を攻撃した。10機のモスキート（第105飛行隊からMk IVが8機と第139飛行隊から2機）がヒューイ・エドワーズ中佐（VC,DFC）に率いられてストレイブ工場をシャロー・ダイヴィングで攻撃し、ほかの爆撃機は低高度から爆弾を投下した。第139飛行隊のJ・E・ホールストン少佐（AFC,DFC）は爆撃結果の評価を行った。以下は再びチャールズ・パターソンの回想である。

「作戦としては、モスキートの視点から見ればフィリップス工場攻撃は比較的簡単な任務だと思われた。ひどく恐れなければならないようなことは何もなく、我々がありきたりの任務の一部としてこなすようなものだった。私はモスキート4機からなる2番目の編隊でジョージ・パリー少佐の3番機（DZ414/「オレンジのO」に搭乗 [*2]）として飛んだ。彼は非常に有名なモスキートのパイロットで、私たちの部隊の小隊長のひとりだった。私たちはヒューイ・エドワーズの6機編隊に続いた。

「私たちの攻撃はヴェンチュラやボストンに巻き込まれないように時間設定されていたのだと思う。私たちが恐れていたのは、どちらかに巻き込まれて、速度を落とさなければならなくなることだった。速度を落とすことは、モスキートの視点からすれば危険なことだった。防御武装がないからだ。私たちはアイントホーヴェンのすぐ南側のある地点まで飛び、そこで左に針路を変え、そして目標を攻撃することになっていた。モスキートは目標直前で高度1500フィート（450m）に上昇し、シャロー・ダイヴィングで目標を爆撃する予定だった。というのも、私たちの下ではボストンが低高度爆撃をしているはずだからだ。ヒルはシネカメラで攻撃目標を撮影することになっていた。あとで私たちの成果を見る機会があるというわけで、これはおもしろそうだった。

「私たちは低高度でオランダの海岸を越えた。私がいちばん鮮明に憶えているのは、ヴーンストレヒト基地から私たちを迎撃するためにFw190が文字どおり一列になって離陸するのを左の翼端越しに見てい

1942年12月11日、マーハム基地に第105飛行隊の所属機が並ぶ。いちばん手前の機体、DZ360/Aはわずか11日後にデンデルモンデ（ベルギー）から帰還せず、J・E・クルティエ軍曹とA・C・フォクスリー軍曹が戦死した。DZ353/Eは1944年6月8日に失われた（8p参照）。DZ367/Jは1943年1月30日のベルリン攻撃で撃墜されている。DK336/Pは1943年1月27日のコペンハーゲン爆撃の帰途に右エンジンが停止し、その後、阻塞気球のケーブルと木に衝突してノーフォーク州ヤクサムに墜落し、R・クレア軍曹とE・ドイル中尉が戦死した。DZ378/Kは1942年12月20日に損傷して、わずか2回の出撃から前線から引き下げられた。DZ379/Hは1943年8月17日の有名なペーネミュンデ爆撃の陽動作戦として第139飛行隊でベルリンに出撃して失われた。夜間戦闘機に撃墜されたのである。A・S・クック中尉（テキサス州ウィチトーフォールズ出身のアメリカ人）と航法士のD・A・H・ディクソン軍曹は機体とともに墜落して戦死した。

たことだ。Fw190まで200〜300ヤード(180〜270m)しか距離がないように見えたが、実際は2分の1マイル(800m)の距離があった。それはとても普通の光景に見えた。イングランドでスピットファイアが離陸しているのとまるで同じだったんだ。だから、彼らが自分を殺しにやって来るのだとは信じがたかった。気がつけば、ヴェンチュラの編隊の一部が接近していて、速度をぐっと落とさなければならなかった。結局、ヴェンチュラの後方にいるために、失速速度近くまで速度を落とした」

　冷静さと決断力を示して、ジョージ・パリー少佐と2番機のビル・ブレッシング大尉が自分たちにFw190を引きつけるために編隊を離脱し、全速まで加速して最後にはFw190を振り切った。パリー少佐は編隊に再合流したが、ブレッシング大尉は基地に戻らなければならなかった。

「Fw190はこの2機が旋回しているのを見て誘惑に我慢できなかったんだ。それでパリーの策にまんまとはまって、私たちを逃したんだ。モスキートMk IVは高度20000フィート(6000m)ではFw190より遅かったが、地表近くでは時速5マイル(8km/h)速かったんだ。

「それ以上戦闘機の迎撃はなかった。前方には、先行するモスキートの編隊がすでに高度1500フィート(450m)に昇っているのが遠くに見えた。それで、エドワーズの編隊に追いつくために、私の編隊をできるだけ高速で率いた。私たちはアイントホーヴェンの2マイルか3マイルぐらいで追いついた。エドワーズは左にバンクして、街の中心にあるフィリップス工場に向かって急降下を始めた。私が左に旋回した時には、工場がアイントホーヴェンの真ん中にひときわ大きく目立っているのが見えた。私たちは皆、スロットル全開でシャロー・ダイヴし、適切な瞬間に爆弾を投下した。私がフィリップス工場の上を通過する時には、雲のような煙と閃光の中で工場が爆発しているように見えた。すべてが完全に破壊されたかのようだった。

第139飛行隊のB Mk IV シリーズ II DZ367/Jに出撃に備えて爆弾が搭載される。覆われた排気管のうしろのカウリングが焦げている。このモスキートは、1943年1月30日、ナチの宣伝相ヨセフ・ゲッベルス博士の演説を中断するためにベルリンに送り出された第139飛行隊の3機の1機だったが、その大胆な昼間爆撃作戦で(搭乗員とともに)失われた。
(via Shuttleworth Collection)

1943年の早春、マーハム基地で第139飛行隊の武装要員が搭載されたばかりの爆弾が正しくモスキートDZ464号機の爆弾倉に収まっているか確認している。この機体は数日後の1943年5月21日に失われている。オルレアンの機関車庫を爆撃したのちにフランス海岸上空で対空砲に撃墜されたのだ。前飛行隊指揮官代行のカナダ空軍V・R・G・ハーコート少佐(DFC)と航法士のO・J・フレンドリー准尉は墜死した。

「遠くには多数のボストンが林の上を低高度で左方向に飛んでいるのが見えた。私はまっすぐ地面近くまで降りた。今や、モスキートは編隊を解き、私たちは個々に帰還しなければならない。素敵な晴れの日の正午ぐらいで、ほとんど雲はなかった。それで、私は針路を定めて、オランダの田園を高速で飛行した。私は指示された帰りの航路を取らないことに決めた。指示された航路はオランダの海岸に向かい、北海に出るものだった。敵戦闘機が主力の編隊を待ち構えているのはそこだと私は判断したんだ。だから、私は北に針路を変え、ゾイデル海に向かった。J・E・オグラディ少尉(とG・W・ルイス軍曹)はこれが初出撃で、彼は帰り着くために私にぴったりついてきた。彼はゾイデル海までずっと私についてきていた。そして、高度20フィート(6m)で堤防の上を飛び越した時には、私たちはもう大丈夫だと思った。

「私はデンヘルダーとテセルを抜けるために左に針路を取った。これは私の間違いだった。というのも、デンヘルダーとテセルの南端の小口径対空砲陣地は、その間を飛び抜けようとすれば命中弾を受けるのに充分近かったのだ。それで、私は小口径の対空砲火網を通過しなければならなかったが、回避機動を行って曳光弾を避けながらふたつの島の間を飛び、無事に通り抜けた。私が行ったのは普通の回避機動で、後方のモスキートも完全に無事なように見えた。しかし、私たちが北海に出て約6分後に、ヒルが『あいつが海に落ちました!』と言った。最初は彼が言っていることを信じられなかった。なぜなら、もう30マイル(48km)くらい海上に出ていたんだ。しかし、旋回して戻ってみると確かに本当だった。モスキートが残したものといえば、海面が大きな煮立った鍋のようになっていることだけだった。オグラディは素敵な、元気のいい、若いカナダ人だった。私がアップウッドでOTUの教官をしていたときに訓練生だった彼と知り合ったのだ。彼は16歳にしか見えなかったが、20歳くらいだったろう。束の間、私は罪の意識を感じた。もし私が違ったことをしていれば、そしてもし彼が私についてこなければ、彼はまだ生きていただろう。

「現像の際、シネカメラのフィルムの半分が現像所で駄目にされ、ヒューイ・エドワーズと私は完全に激怒した(合計で60トン以上の爆弾がフィリップス社工場に命中し、工場は大きな損害を被ったが、14機が失われた)。その時、私は気づかなかったのだが、アイントホーヴェン攻撃は私が長期間行うことになる新しい任務の始まりとなった。1カ月後、私はハットフィールドへ派遣されて、3機のモスキートを試験飛行し、いちばん性能が良いと思うものを

1943年2月中旬は第105飛行隊と第139飛行隊の搭乗員たちには「グレート・トゥール・ダービー」として知られることになる。2月14日午後、そのフランスの都市、トゥールの機関車庫が第139飛行隊から出撃した10機のうちの6機によって低空から攻撃された。その夕刻、第105飛行隊のモスキート12機がトゥールの物資集積所を低高度から爆撃し、18日にも同じ目標を1ダースのB MkⅣが浅いシャロー・ダイヴィングで爆撃した。2機は途中で引き返し、モスキート1機が未帰還となった。(DH via GMS)

選んだ。私がハットフィールドにいる間、サー・ジェフリー・デ・ハヴィランドは私を賓客としてもてなしてくれた。私が選んだのはDZ414で、イギリス空軍映像撮影部隊の所属になった。この機体は「オレンジのO」のコードレターがつけられて、全飛行距離24000マイル（38400km）のうち20000マイル（32000km）を私が飛ばすことになる」

その後、チャールズ・パターソンはマーハム基地に、そして第105飛行隊に戻った。

「クリスマスがやってきて去り、1943年1月になると天候が悪化して、私は2回しか出撃しなかった。私たちは全員がコペンハーゲンのバーマイスター＆ウェイン潜水艦工場を低高度昼間攻撃するための訓練にかかりきりになっていたのだが、ちょうどこの頃、ある噂が突然広まった。モスキート部隊に変更が計画されていて、誰でもパスファインダー部隊と呼ばれる爆撃軍団の新しい部隊への転属を志願できるということだった。昇進とおもしろい新しい仕事がありそうだった。私は2回目の前線勤務の4カ月を終えたところだったので、新しいことを試してみようと思ったんだ。

「私はワイトン基地の第109飛行隊に無事着任したものの、そこで、モスキートで夜間に高度30000フィート（9000m）を計器飛行して、『オーボエ』という装置を使って目標をマーキングする爆弾を投下するのが任務だと初めて知った。この部隊の連中の態度は私から見ればまったく虫の好かないものだった。というのも、彼らは自分たちのことをエリートだと考えていたが、実際には誰も第2航空群で私たちがしていたような危険で大胆な作戦や幅広い任務はしたことがなかったんだ。この連中のことはどうでもよかったのだが、任務がまったく気に入らなかった。私がパスファインダー部隊にいた間にDZ414で夜間に撮影任務を一度行ったが、これは無駄な努力だった。と

いうのも、一般市民には、どの攻撃目標も夜間には同じに見えたのだ。それで、映像撮影部隊のモスキートを第105飛行隊に戻して、夜間撮影の代わりに低高度昼間攻撃の撮影をすることが決定された」

バーマイスター&ウェイン工場への空襲は1943年1月27日に行われ、エドワーズ中佐が第105飛行隊と第139飛行隊のモスキート9機を率いた。海岸沿いに停泊していた艦船からの小口径対空砲が進入する編隊を捉えたため、右主翼の後縁が青い煙に包まれた時、J・ゴードン大尉とR・G・ヘイズ中尉は命中弾を受けたのだと考えた。しかし、実際にはゴードン大尉がドイツ軍射手の狙いをそらすために回避機動を行っている最中に電信線を切断したのだった。彼はすみやかに旋回して左補助翼が破損した機体で帰途についた。このふたりは1943年11月5日にレーヴァークーゼンへの作戦から片発での帰還を試みて、墜死することになる。

エドワーズとケアンズは自分たちも帰還しようとした矢先に攻撃目標を見つけて、素早く爆弾を投下し、海に向けて離脱し、帰途についた。潜水艦工場周辺の小口径の対空砲火は激しく、J・G・ドーソン軍曹とR・H・コックス軍曹が搭乗するモスキートが撃墜された。エドワーズの機体も右エンジンナセルにふたつの穴を空けて帰還した。

1月30日にはモスキートが2波に分かれてベルリンを爆撃した。第1波（午前中）は"レジー"・W・レイノルズ少佐とE・B・"テッド"・シスモア少尉に率いられた第105飛行隊のMk IV 3機が、第2波は第139飛行隊の3機が参加した。どちらの空襲も中央放送局で行われるヘルマン・ゲーリング国家元帥とヨセフ・ゲッベルス博士の演説を中断させるように時間設定されていた。第105飛行隊は1100時ちょうどにベルリン上空に到達し、その爆弾はゲーリングの演説を1時間以上にわたって中断させた。残念なことに、第2波はそれほど上首尾にはいかず、D・F・ダーリング少佐（DFC）が撃墜されて戦死した。

このような出来事が起きている頃、チャールズ・パターソンは第8航空群に短期間所属したのちに再び第105飛行隊とともに出撃するようになっていた。

これは精密爆撃のもっとも良い例である。1943年2月26日、レンヌのUボート用物資集積所を第105飛行隊と第139飛行隊のモスキート16機が低空攻撃した結果である。この攻撃を率いたのは第105飛行隊の指揮官に任命されたばかりのG・P・ロングフィールド中佐（および航法士のR・F・ミルズ大尉）で、乗機はDZ365/Vだったが、両名とも戦死した。目標地域上空で対空砲火を回避しようとして、S・G・キンメル中尉とカナダ空軍H・N・カークランド中尉が搭乗するDZ413/Kと空中衝突したのである。(via GMS)

「皆は2月と3月の間に何度も大きな成功を収め、モスキートは定期的に超低空で進入して少なくとも受容できる損耗率で帰還できることを証明していた。その後、第139飛行隊は新しい攻撃方法を専門にするようになった。第105飛行隊のモスキートが低高度爆撃をした直後に、1500フィート（450m）に上昇してから目標に向かってシャロー・ダイヴをするのだ。第105飛行隊はジョン・ウールドリッジという新しい飛行隊指揮官を迎えていた。彼はわりと気性が激しく、すでに重爆撃機でケタ外れの回数の出撃をしていた。彼はDFCに2本の線章と、それから、大きな口ひげをつけていたな！」

ヒューイ・エドワーズは爆撃軍団の要職に就くために2月に第105飛行隊を去ったが、彼の後任のG・P・ロングフィールド中佐はわずか数日しか在任しなかった。1943年2月26日に空中衝突で死亡したのである。ジョン・デレイシー・ウールドリッジ中佐（DFC, DFM）は3月17日に飛行隊の指揮を引き継ぎ、数多くの低高度爆撃作戦で第105飛行隊を率いることになる。そのことに対して、彼はDSOとDFCの勲章に1本の線章を正当に授与された。以下は再びチャールズ・パターソンの回想である。

　「私はそれからの2カ月か3カ月の間に何度か低高度爆撃をやった。そのうちの一度は本当に長距離で（5月2日の晴れた午後）、メッツに近いティヨンヴィルの鉄道修理施設が目標だった。私たちはレジー・レイノルズとテッド・シスモアに率いられて8機のモスキートで低空を飛行した。レイノルズは新しい小隊長で、ウェリントンで実戦を経験していた。シスモアは非の打ちどころのない立派な航法士に成長していた。さて、私たちは低高度でイギリス海峡を低高度で飛び越えた。当然のことだが、映像撮影部隊のモスキートを操縦しているので、私はいつも編隊の後尾に近い方を飛んでいた。この日も最後尾から3機目の5番機として飛んでいて、私の右後方には梯形編隊で2機がいた。私たちはいつも右梯形編隊で飛行した。というのも、スロットルを開いたり閉じたりした時の機体の反応がとても鈍かったのだ。これは安全に減速できず、増速しかできないということで、そのため私たちはいつもV字編隊ではなく梯形編隊で飛んだのだ。また、この問題のせいで編隊が旋回する時に外側に位置すると、低高度ではパイロットは機体を機動させる余地がなかった。

　「私たちが断崖を飛び越えるときに、ちょっとした小口径の対空砲火を受けた。それが私に非常に近づいてきているようだったので、今だと判断した瞬間に操縦桿を引いて、約100フィート（30m）上昇した。私がそうすると同時に、対空砲弾が私の下を飛び抜けて、私の左の奴の右エンジンに命中し、機体から大きな黒い煙が噴き出した。その搭乗員はそのエンジンをフェザー状態にして、片発で引き返していった。私は編隊の定位置に戻った。

　「私たちは北フランスを飛び抜け、パリの北西を通り、ソワソンまで飛んだ。何マイルも何マイルも低空で、フランスの緑の大地を飛んだんだ。南や北に行きすぎて攻撃目標を見つけ損なうことを避けるため、そこでティヨンヴィルに行くためにバンクして真東に向かい、それから左に針路を変えた。ティヨンヴィルは攻撃目標の約20マイル（32km）南にあった。こういうことはいつも使われた戦術だった。それから、もちろん、私たちはジグザグ飛行をして、

1943年2月28日、オランダのヘンゲロにあったストーク・ディーゼル工場を低空攻撃する第105飛行隊の4機のB MkIVに対して敵の対空砲陣地が射撃を開始している。手前の飛散している破片はマネメイヤー電気機械製作所内で炸裂した爆弾が屋根をつきぬけたものである。対空砲陣地のうしろを走る列車はデーフェンデル─ズヴォーレ間の路線である。
(via Philip Birtles)

絶対に20分以上は同じ方向に飛行しなかった。その結果、私たちは1発も撃たれないでティヨンヴィルにたどり着いた。先導機のレイノルズはスロットルを開き、私たちは目標へと突進した。レイノルズは攻撃目標上空を全速力で通り過ぎたりせず（指揮官はそんなことはしないものだった）、約300フィート(90m)に上昇し、それから爆弾倉扉を開くように命じた。すると、攻撃目標が現れ、皆それを狙った。一瞬のうちに目標上空に達して、通り過ぎてしまう。私たちは完璧な奇襲に成功し、そのおかげで無事目標に到達して、爆弾を狙いどおりに命中させることができた。最後のパイロットは1門の対空砲が火を噴くのを見たように思うと言った。

「そこからが、この任務の本当におもしろいところの始まりだった。北西に引き返してフランスとベルギーを飛び抜ける代わりに、真北に向かって飛ぶという非常に機略に富んだアイデアを実行したのだ。私たちはフランス北西部を通過して引き返すとドイツ軍が考えるのは分かっていたのだ。彼らは戦闘機をそこへ送って、暗くなる前に私たちを迎撃しようとするだろう。だから、彼らを出し抜くために北へ飛んだんだ。低高度でルクセンブルクの山々とアルデンヌの森を飛び抜け、ドイツへ進んでいくのは奇妙な感じがした。それは果てしないように思えたが、夕闇が濃くなる中で私たちは突然ライン川の堤防を飛び越しオランダに入った。私はアメラント島とフリーラント島の間を通り抜けた。ゾイデル海の上ぎりぎりを飛んで堤防を越えたときには、これで無事帰還できると思ったんだ」

「ビッグ・シティ」に爆弾投下
Bombs on the 'BIG CITY'

ティヨンヴィル空襲の直前の1943年4月20〜21日、第105飛行隊は大急ぎで考案されたベルリン奇襲爆撃作戦に参加した。チャールズ・パターソンは参加したパイロットのひとりだった。

「この作戦のおもな動機はヒトラーの誕生日を『祝う』ために相応しい『贈り物』を届けるということだった。たまたま、この日は満月だった。爆撃軍団の作戦立案者は、モスキートはベルリンまで行く航続距離があって、月があるという条件でも帰ってこられるということを理解するぐらいの分別はあったんだ。私たちは8機で出撃した。とても明るい月夜で、飛行時間は本当に長かった。4時間以上で、そのうち約3時間は敵領土上空で過ごしたんだ。月がとても明るかったので、絶えず戦闘機を警戒していなければならず、蛇行したり旋回したりして、航法士が後方に戦闘機がいないかどうか見張れるようにした。月は翼やパースペクス（風防ガラス）に当たって反射するだろう。見下ろせば、すべての湖が月を反射して輝いていた。この任務では誰も不安を感じていなかっただろう。もちろん、私は不安ではなかった。モスキートに乗ってドイツ上空を高々度で夜間飛行するのはイングランド上空を飛ぶのと同じくらい安全に思えた。戦闘機を近寄らせなければの話だが。

「その広大な『暗がり』とポツダムの湖のおかげで、ベルリンを見つけ出すのは難しくなかった。私は高度18000フィート(5400m)で直線水平飛行を始めようとしていた。この攻撃でただひとつ気にかかったことは、私たちが数カ月前にやった昼間爆撃に比べると、ちょっと『二流』の任務と

ジョン・デレイシー・ウールドリッジ中佐（DFC*, DFM）は1943年3月17日に第105飛行隊の指揮を引き継いだ。この写真では、彼は個人機のB MkⅣ、「ダイヤモンドのジャック」の上部緊急脱出ハッチでポーズをとっている。2枚に分割された前面風防は間もなく防弾ガラスの戦闘機タイプの平面風防に交換される。直視用窓（ブリスターの前方）は左右両側で内側に開いた。ウールドリッジは1938年にイギリス空軍に入隊し、重爆撃機で2回の前線勤務を完了したのち（そのうち32回は第61、第207、第106飛行隊の悪運に祟られたマンチェスターでの出撃）、第105飛行隊の指揮を執った。彼は戦争を生き抜いたが、1958年に自動車事故で死亡した。（via Philip Birtles）

いう気がしたことだ。爆撃軍団はこの任務をあまり真剣には考えていなかったので、私たちは皆、こんな任務に送り出されることに憤慨したんだ。

「突然、対空砲の閃光と黒い煙が現れた。『モスキートに乗っていれば、これにはやられないよ。こんなことでやられるには、速すぎるのさ』と思っていたことを憶えている。すると、爆弾を投下する直前に激しく機体が揺さぶられた。私はモスキートで夜間に撃墜されるなんてことは、あってはならないことだと思った。撃墜されはしなかった。そんなことは格好が悪くて、まったくみっともなかった。

「とにかく、私たちは旋回して蛇行しながらドイツ北部を抜け、オランダの海岸を通過して基地へと向かった。作戦の間ずっと煌々と輝く月の光を浴びていた。私たちには1機の損失があった。第139飛行隊指揮官のピーター・シャンド中佐（と彼の航法士、C・D・ハンドリー少尉 DFM）の機だ。帰還の途中に（第1夜間戦闘航空団第Ⅳ飛行隊のロタール・リンケ中尉によって）撃墜されたのだと、のちになって聞かされた。

「地上に戻ると、私たちは作戦の報告をして寝た。翌朝、駐機場に行くと、前の晩に命中弾を受けていたことに気づいていたかと尋ねられた。『いいや。ドスンと来たから、かなり近くで（高射砲弾が）炸裂したのは分かったよ。命中したのは気づかなかったな。翼かどこかに小さな穴がふたつ3つあるんだろ？』と私は言った。するとこう言われた。『いえいえ、もう少しでおしまいだったんですよ』。（高射砲弾の）破片のひとつがモスキートの尾部を完全に貫通していて、そこで昇降舵の全操作索が尾翼と方向舵に連結していたんだ。1本を除いてすべての操作索が完全に切断され、ただひとつの操縦系統のたった1本の無事だった索のおかげで、私はまるで何事もなかったかのようにモスキートを操縦できたんだ。機体は完璧に操縦可能だったので、私は問題があるとは全然気がつかなかったんだ。

この大胆な超低空攻撃は1943年3月23日にナントのサン・ジョセフ機関車工場に対するもので、最初の爆弾が投下されるまでに工場労働者が避難できるよう、完璧に時間が設定されていた。攻撃はピーター・シャンド中佐が率いる第105飛行隊のB MkⅣ、3機とオーストラリア空軍ビル・ブレッシング少佐（DSO,DFC）が率いる第139飛行隊の8機によって行われた（ブレッシング少佐は1944年7月7日にパスファインダー部隊のカン上空での目標指示作戦中に戦死している）。シャンド中佐はこのほかに、3月3日のノルウェー、クナヴェンのモリブデン鉱山爆撃作戦とその27日ほど後のアイントホーヴェン爆撃作戦を指揮して見事に成功を収めている。彼と彼の航法士、C・D・ハンドリー少尉は1943年4月20、21日にベルリン夜間爆撃作戦の際に戦死した。彼らのモスキートはドイツ第1夜間戦闘航空団第Ⅳ飛行隊のロタール・リンケ中尉に撃墜された。(via Philip Birtles)

「当時は知らなかったんだが、この夜間爆撃は大戦の残りのモスキートによる爆撃作戦のパターンを決めることになった。ハリスと爆撃軍団の参謀たちは、月齢にとらわれずに1年中、爆撃機部隊をベルリンに送ることができるという考えに心を奪われたんだ。その結果、第2航空群が第2戦術航空軍に移ったときにも第105飛行隊と第139飛行隊は爆撃軍団の下に残されてしまった。これは両部隊にとって大きな痛手だった。

「ベルリン爆撃のあと、私は4月24日にフランスへの短い作戦を1回やった。その時にはノルマンディの海岸の南約50マイル（80km）でFw190に迎撃された。私たち3機はトゥールを爆撃する予定だったが、作戦の指揮官が戦闘機を発見して、『スナッパーだ！　基地に戻れ』と連絡して、旋回して逃げるよう指示を出した。それで、私たちは散開して全速力で逃げ出した。完全にスロットル全開でノルマンディを地上すれすれで駆け抜けたんだ。Fw190の奴らは私たちのあとを追ってきたが、射程距離には近寄れず、海岸までずっと私たちのうしろにくっついてきた。2機のFw190が出し抜けに私の前を横切った。もし私が戦闘爆撃機型のモスキートに乗っていたなら、そのまま彼らを射撃できただろう。敵の一番機は私たちに気づくと、私たちのうしろに回り込んで攻撃してくるのではなく、スロットルを開いて逃げたのを見て、私はとても楽しかった。この反応は非常に大きな意味があった。なぜなら、ドイツ空軍の昼間戦闘機隊の志気が実質的に崩壊していることの証拠だったからだ。戦争が進展するにつれて、このことはもっと一般的になっていった。ドイツ戦闘機隊は恐ろしく未熟で経験の浅い若いパイロットに依存しなければならなかったんだ」

R・W・レイノルズ中佐（DSO,DFC）（右）は指揮官代行のカナダ空軍V・R・G・ハーコート少佐から1943年5月に第139飛行隊の指揮を引き継いだ。（マーハム基地の入口に掛かる飛行隊の「ジャマイカ飛行隊」の紋章に注目されたい）（RAF Marham）

イェーナ空襲
The JENA Raid

　1943年5月27日に第105飛行隊と第139飛行隊のために計画された作戦が実施され、それはイギリス空軍の偉大な昼間低空攻撃作戦の最後を印すものとなった。しかし、参加した搭乗員たちはその時にはその作戦の意義には気づかなかった。チャールズ・パターソンは以下のように回想する。
「ある日の午後2時頃に、私たち全員は搭乗員室に呼び集められ、大きな作戦があると告げられた。航路を示す赤いリボンが今まで考えていたよりもずっと長く、ドイツ南東部へ、ライプチヒの近くまで延びているのが私たちに見えた。攻撃目標はイェーナのツァイス光学レンズ工場だとすぐに明かさ

れた。その工場は当時、潜水艦の潜望鏡を専門に生産していたんだ」

　その作戦では第105飛行隊のB Mk IV 8機がツァイス社工場を爆撃し、第139飛行隊の6機が近くのショット硝子工場を爆撃することが命じられた。再び、パターソンの回想である。

「こんなとてつもなく長距離の作戦が実行されようとしていることに、私は非常に大きな期待感と興奮を覚えたんだが、ドイツ本土の非常に深いところ、以前には敵機が昼間に飛んだことのない地域への攻撃だったので、私は大きく動揺したりはしなかった。むしろ、『敵の懐の深いところ』まで行けば非常に大きな奇襲の効果があるだけでなく、工場周辺にはあまり多くの対空砲がないかもしれない、と私たちは考えたんだ。そして、その地域の対空砲陣地は経験の浅い砲兵によって操作されているだろうとも思ったんだ。

「この作戦全体を屋外から放送するためにBBCがやって来た。作戦の説明は長時間で、複雑なものだった。敵領内を低高度で丸3時間以上も飛行することになる。そのうちのじつに2時間15分は明るい日射しの中だ。私は映像撮影部隊のパイロットで、リー・ハワード曹長が私のカメラマン兼航法士だった。作戦の説明が終わると、私たちは格納庫に戻った。その後、乗機のところまで行ってシートベルトを締めるまで、非常に長い時間待機していた。それは見事に晴れた、暑い、少し霞がかかった5月下旬の夕方だった。編隊全体が空に上がるために各機の離陸するタイミングは正確である必要があったので、時計の同期が行われた。皆が確実に搭乗しているため、私たちはエンジン始動の10分前に機体に乗り込んだ。

「その時が来た。レイノルズ中佐がシスモアとともに作戦を先導することになる。私たちは彼の機体の排気管からパッと火が出てエンジンが始動するのを見た。7時には飛行場周辺でエンジンの回転が上がり、皆がタキシング

第139飛行隊のB Mk IV DZ464/「チャーリーのC」(写真、奥)は1943年4月11日にメヘレン(ベルギー)を攻撃したのち、2機のFw190に追撃された4機のモスキートの中で、ただ1機、無傷で逃げ切った機体だった。19頁に述べたように、この機体は1943年5月21日のオルレアンの機関車庫への攻撃で失われることになる。

第105飛行隊のB MkIVシリーズII DZ467/GB-Pは19回目の出撃からは帰還しなかった。それは1943年5月27日のイェーナのツァイス光学工場に攻撃する歴史的な作戦だった。R・マッシー少尉とG・P・リスター軍曹の両名が戦死している。第105飛行隊から出撃した8機のうち、3機だけが目標に投弾した。一方、同じ作戦において第139飛行隊では出撃した6機のうち、3機がショット硝子工場を爆撃している。(RAF Marham)

を開始した。このような作戦で編隊を組むのは時間のかかる仕事で、先頭機は飛行場の周囲をゆっくり旋回して、全機が離陸して追いつくのを待つんだ。さて、私は、またしても忌々しいカメラを積んで、2回目の戦闘勤務の終わりにもうひとつの大きな作戦に出撃しようとしていた。それも先頭の編隊のでなく、2番目の編隊の後尾に近い方を飛ぶことになっていた。

「2個の編隊は格納庫と飛行場を低高度でかすめるようにして通過した。これは壮観だった。搭乗員自身にとっても心躍るような経験だった。私たちは明るい陽光の中をイェーナに向けて針路を取った。夕暮れまで、たっぷり2時間はあった。オランダの海岸を越えるのには問題がなかった。しかし、ゾイデル海で出し抜けに茶色の帆を掛けた小さな漁船の大船団に出くわした。私の目の前で編隊全体がバラバラになり、各機がそれぞれ漁船の間を抜けたり回避したりしたのち、再び私たちは編隊を組んだ。ルール地方を越え、カッセルの近くを通過し、チューリンゲンの山々の上を進んだ。メーネ・ダムとエダー・ダムはそこにあった。この時でも私たちはまだ行程の3分の2しか終えていなかった。まるで違う世界にいて、それが果てしなく永遠に続いているような気がしてくる。行けども行けども、森や野原やうねる大地が何マイルも何マイルも続いていた。そして突然、私の航法士が何かに注意を促した。右の翼端の先をみると、ミュンスター大聖堂が数マイル先にはっきり見えた。おもしろかったのは、私はその塔を見上げていたことだ。見下ろしてはいなかったんだ!

「カッセルを通過すると突然、10日前に行われたばかりのメーネ・ダム攻撃で起きた大洪水に行き当たった。20分の間、洪水しか見えなかった。それは素晴らしい光景だった。そして、あの攻撃が途方もなく大きな成功だったに違いないということを私たちに確信させた。私たちがメーネ・ダムとエダー・ダムの間を抜けると、いきなり山の尾根の上に出て、下方にはダムがあった。前方で先頭の編隊がダムの向こう側の尾根を越えようとしているときに対空砲が射撃を始めた。あまり危険には見えなかった。しかし、ひとつの巨大な火の玉が山の斜面を転がり落ちていった。明らかに航空機だった。そして間もなく、なんと2機のモスキート(サットン大尉/モリス中尉機とオープンショウ中尉/ストーンストリート軍曹機、両機とも第139飛行隊)が空中衝突したのだと知った。1機が対空砲の命中弾を受けたのか、あるいは対空砲火があったためにパイロットのひとりが自分の前方から目を逸らして隣のモスキートに突っ込んだのか、誰にもわからないだろう。とにかく、2機が失われた。

「私たちは山間の田園風景を飛び続けた。尾根に沿って進んだり、両側に家々が並ぶ谷を下ったりした。私の右主翼の先でひとりの男が玄関のドアを開け、外を見て私たちが電光のように彼の家の前を通り過ぎるのを見るのが、私たちに見えた。そして私たちは駆け抜けながら、ドアがバタンと一瞬のうちに閉められるのを見たんだ。

「突然、天候が悪化し始めた。これは予測されていなかった。誰もがすぐに悪天候を飛び抜けると推測していたと思う。しかし、天候はさらに悪化し、私たちはまだ山岳地帯の上だった。私たちは今や雲の中に飛び込もうとしていた。雲中を編隊飛行しながらドイツの真ん中にいると思うと少しばかり寂しい気持ちになってくる。ブレッシングは私たちが編隊をなんとか保てるようにと航法灯を点灯し、皆も同じことをした。雲中を計器飛行することにはとても不安を感じた。そして、隣の機を視野に入れておこうと懸命に努力したが、見失ってしまった。気がつけば、私は単機で飛行していて、ほかの皆はどうなるんだろうかと思った。たぶん全編隊がバラバラになったのだろうと私は思った。できることといえば推測航法で飛び続けることだった。雲から出ると、視界は良くなかった。どんよりと暗く、その上、ハワードは自分がどこにいるのか全然わからなかった。できることといえば、基地に向かって引き返して、爆撃に値するものを見つけられるかどうか探してみることだけだった。

「それで私は実際に自分がどこにいるかわからないまま、針路を定めた。できることといえば、飛行計画に忠実に北東に針路を変えてハノーファーの北に出て、その頃には暗くなってきているだろうから、それから夜に向かってハノーファー平野を西へ抜けていくことだけだ。間もなく、突然に見るからに大きな都市に近づいた。約800〜1000フィート（240〜300m）と雲底が低く、視界も悪かったので、私はかなり安全に感じた。もし戦闘機が現れても、雲に飛び込める。工場がある様子はなかった。住宅街だった。それで私はあんまり対空砲はないだろうと考えた。私は都市上空を旋回して、その中心に大きな鉄道の駅があることに気づいた。私たちの地図によれば、それはヴァイマールだった。

「私は機首をわずかに下げて、フルスロットルまで開いて、その駅に向かって中程度の降下角のダイヴに入った。私は爆弾倉扉を開いて、高度約200フィート（60m）から駅の真ん中に積み荷を落とした。目標を外しようがない。それからが大変だった。小口径の対空砲が閃光を発して、ビュンビュン撃ってきた。私は機体を捻ってこれをかわしながら、町はずれまで行き、それから家屋の屋根の高さまで降りて緑の丘に両側を挟まれた谷を登っていった。対空砲火は続き、止むことがないように思えた。もう対空砲の射程を抜けただろうと思っているところに、まだ対空砲火が続くと、もう沢山の対空

イェーナのショット硝子工場攻撃から帰還した直後、レグ・レイノルズ中佐（DSO*,DFC）がDZ601/「ビールのB」の損傷した左エンジンのプロペラブレードに包帯された手を掛けて（両方とも対空砲がプロペラに命中した結果）、航法士のテッド・シスモア大尉（DSO,DFC）とともにカメラにポーズをとる。この作戦は第105飛行隊と第139飛行隊が第2航空群で昼間に行った最後の大作戦だった。
(via Philip Birtles)

砲をかわしたのに滅茶苦茶に不公平じゃないかと、私には思えた。私は不安になってきた。もし対空砲火がこんな風に続けば、そのうち、私は命中弾を喰らうだろう。

「丘の側面から、さらに曳光弾が飛んできた。私は操縦桿を引いて機体を左に捻り、それから操縦桿を押して機体を右に捻り、絶対に一定の飛行姿勢を取らないようにした。そして、とうとう私たちはこの試練から抜け出した。私は少しばかり震え上がっていた。私は航法士に状況の相談をするなんてことはしなかった。というのも、彼がゼリーのように震え上がっているのは分かっていたんだ。彼は、戦前はパインウッズかデナムのスタジオカメラマンで、突然気がつけば恐ろしい状況にいるというわけだったんだ。さて、私はドイツの真ん中にいて、自分の位置が分からず、帰還するために取るべき針路もはっきりせず、しかも、とんでもなく長い帰路だった。非常に気が滅入る見通しだったが、パニックを起こしてみても仕方ない。これは戦時中に飛行していて私が孤独と不安を覚えたただ一度の機会だった。

「私たちは正しいコースに針路を取っていて、ハーメルンの北にたどり着いた。この町は防御されていた。そして、ついに悪天候が消えてなくなった。この頃には、私はよく知っている北ハンブルク平原の上に再び出たので、やっと正しい方向に飛んでいることが分かった。太陽の光は今や翳り始め、それから間もなく、戦闘機が飛ぶには暗すぎると私は思った。西に向かって飛んでいると、夕暮れに向かってまっすぐ飛ぶことなり、暗くなるのに時間がかかった。それでも、私たちがオランダの国境を越える頃までには、ほとんど夜になっていたので障害物を避けるために400〜500フィート（120〜150m）に高度を上げることができた。しかし、その前には、少しの間、低高度飛行をした。オランダ上空では、ベルギー上空ではそれほどでもなかったが、飛行機が低高度で飛んでいるのが聞こえてくれば、それはたぶんモスキートだった。するとオランダ人たちは彼らの小さな家のドアに走って、ドアを開け閉めして私たちを歓迎する光の点滅信号を送ってくれたものだった。マーハム基地で作戦計画立案者が私に設定した航路は無視して、私はまっすぐにわが愛しのゾイデル海に向かった。北に針路を変えて、堤防まで進み、そのあとフリーラント島とアメラント島の間を抜けた。ここには対空砲がなかったんだ。

イェーナ攻撃の数時間後の作戦室での撮影である。リー・ハワード曹長（左）はDZ414/「オレンジのO」にカメラマンとして搭乗した。中央は彼のパイロットだったチャールズ・パターソン大尉。レイノルズ中佐は、恐るべき帰還の飛行のあとでジャーからマグに注いだラムを味わっている。レイノルズ中佐の左腕はイェーナ空襲で負傷して包帯が巻かれている（左頁上のキャプション参照）。レイノルズ中佐の負傷の最初の手当は、飛行中に航法士のテッド・シスモア大尉が行った。

「帰還は、じつのところ、かなり心が痛むものとなった。着陸したあと、目標に攻撃が行われたことを初めて知り、さらに、1機か2機のモスキートが対空砲火で大きな損傷を受けながら帰還しているところだと知った。目標上空の対空砲火は私が思っていたよりもひどかったわけだ。私抜きで両方の編隊は目標に命中弾を与えていたので、私は少ししくじったなと思ったんだ。彼らは視界がひどく悪い中で攻撃を行い、工場自体の上の阻塞気球の大群を飛び抜けた。レイノルズ中佐は帰還

したが、彼の機体は対空砲火でひどく損傷を受けていて、彼自身も負傷していた。彼の航法士が傷に包帯を巻いたのだが、片発で帰りを飛ばねばならず、その上、機位を失ったんだ。彼らはどこか防御の対空砲火の激しい地域を飛んで、さらに命中弾を受け、レイノルズはかろうじて機体を持って帰ってきたんだ。搭乗員室に現れた彼はやや顔色が悪く、腕を包帯で吊っていた。
「工場には爆弾を命中させたのだが、どのくらいの損害を与えたかは分からなかった。私たちは14機のうち5機を失っていたため、この攻撃に対する反応は良くもあり悪くもあった。素晴らしい戦術的成果だと見なされたが、損失は予想よりも大きかったんだ。このイェーナ空襲ののち、第2航空群は爆撃軍団に残され、ほかはバジル・エンブリー大佐の指揮下に入って戦術航空軍の一部になった(第105飛行隊と第139飛行隊は任務を完全に変えて第8パスファインダー航空群に移管された)。モスキートは夜間爆撃をさせられることになった。それは私たちの最初のベルリン空襲でハリスの想像力を捉えた任務だった」

訳注
*2：DZ414はカラー塗装図解説によれば12月22日にパターソン大尉が領収しているので、この日の乗機は違う可能性があるが原書のまま訳した。

chapter 3
パスファインダー部隊
The Pathfinders

　第8航空群(パスファインダー部隊)において、第105飛行隊はオーボエ(高々度盲目爆撃用レーダー装置)を装備する2番目の目標指示部隊として第109飛行隊とともに作戦することになり、一方、第139飛行隊は目標指示用爆弾を搭載して一緒に出撃する「支援部隊」となった。この3個飛行隊はドナルド・C・T・ベネット准将(のちに少将)指揮下のこの任務に専門化したパスファインダー部隊の背骨となった。パスファインダー部隊は1942年8月に編成され、その後拡充されて1943年1月13日には航空群として認められた。パスファインダー部隊の任務は、主力部隊の重爆撃機や第8航空群のほかのモスキートのために色付きの目標指示弾で攻撃目標を「照らし出し」、「印を付ける」ことだった。第109飛行隊は1942年6月1日にワイトンにおいて第8航空群に加わっていた。オーボエが初めて使用されたのは1942年12月20～21日で、当時飛行隊指揮官だったH・E・"ハル"・バフトン少佐と彼の航法士、E・L・アイフォールド大尉が(ほかの搭乗員2組とともに)オランダの発電所を爆撃した。
　1942年12月31日/1943年1月1日には、オーボエを使用したスカイ・マーキングが初めて試みられた。この時には第109飛行隊のモスキート2機がデ

ュッセルドルフ爆撃に出撃したパスファインダー部隊のランカスター8機のために目標指示弾を投下した。スカイ・マーカーはパラシュート式照明弾で、目標地域が雲で覆われている場合に空の1点を指示するために使用された。その同じ夜に、オーボエ装備のモスキート2機が高度28000フィート（600m）で雲の上からベルギー、フロレンヌ飛行場の夜間戦闘機管制室に高性能爆弾を投下している。

オーボエは第二次世界大戦で使用されたもっとも正確な盲目爆撃方法だった。その名前は楽器の音のように聞こえるレーダーパルスに由来している。1944年夏から戦争終結まで航法士して第105飛行隊に所属したジョン・C・サンプソンは、その仕組みを以下のように説明する。

「レーダーパルスはイングランドにあるふたつの地上局（「キャット」と「マウス」）から攻撃目標までの距離で発信されていました（ノルマンディ上陸作戦ののちには地上局は大陸に設置され、このシステムの有効距離が延長された）。レーダーの信号は『見通し線』で進み、地球の丸みには従わないので、攻撃目標が遠ければ、より高々度を飛行する必要がありました。爆撃航程の時間は10分で、航路はわずかに円弧を描いています。距離に基づくシステムだったためです。目標への航路はさらに手前に5分延びていました。これは『待機地点』として知られていたのですが、実際にそこで待つわけではありません。自分への呼び出し信号を待つのです。そういうわけで、爆弾投下15分前に攻撃目標への航路に入りオーボエの受信器のスイッチを入れて耳を傾けるのです。呼び出し信号を受信すると、オーボエの発信器のス

第8航空群（パスファインダー部隊）の司令だったオーストラリア人のドナルド・C・ベネット少将は元インペリアル・エアウェイズの大西洋横断路線のパイロットで、この写真では参謀将校たちと作戦を協議中である。第8航空群は当初、第3航空群からの志願者で構成され、1942年8月15日に目標指示任務専門の部隊として発足し、1943年1月13日に正規の航空群としての状態になった。1945年3月には第8航空群は約19個の飛行隊を指揮下に置き、そのうち10個飛行隊はモスキートを装備していた。
(via Tom Cushing)

イッチを入れ、地上局からの信号を受信し始めます。

「この信号はパイロットと航法士の両方に聞こえ、機体を目標上空に誘導するために使われました。もし、正しい航路の内側にいればドットが聞こえてきて、もし外側なら、ダッシュが聞こえてくるのです。そして、切れ目ない音が聞こえてくれば攻撃目標は航路上にあるということになります。爆弾投下の信号はドット5つと2秒ダッシュひとつで構成されていて、これが聞こえてくると航法士が目標指示弾か爆弾を投下するのです。この信号は航法士だけに聞こえました」

第105飛行隊は1943年7月13日に初めてオーボエを使用して作戦し、2機のB Mk IVがケルンに対して目標指示を試みた。9月になると、この飛行隊はドイツ西部においてピンポイントの目標に対して精密爆撃を開始した。

オーボエ搭載の目標指示機は非常に優秀だったため、ベネットはモスキートの部隊を増やすことができた。そして、1943年初めには「嫌がらせ」爆撃を開始する。「嫌がらせ」爆撃は非常に効果的だったために、夏になる頃には、モスキート部隊は「軽夜間攻撃部隊」（Light Night Striking Force：LNSF、あるいはベネットの主張では「高速夜間攻撃部隊」Fast Night Striking Force）と呼ばれるようになっていた。もっとも大きな成果のひとつは9日間（1943年7月24/25日〜8月2日）に渡った「ゴモラ」作戦 [*3]（いわゆる「ハンブルクの戦い」）での成果である。パスファインダー部隊と軽夜間攻撃部隊は延べ472機が出撃して損失はわずかモスキート13機だった。この作戦の最初の空襲はH2Sレーダー装備機と通常のモスキートが先導し、728機の爆撃機のために攻撃目標に目標指示弾で印を付けた。わずか50分間に2284トンの高性能爆弾と焼夷弾が投下されたハンブルクでは大火災の嵐が起こり [*4]、その高さは2マイル（3.2km）に及んだ。

整備兵がDK300の右エンジンで作業をしている。このモスキートB Mk IV シリーズIIは1942年7月21日にサフォーク州ストラディシャル基地の第109飛行隊に配備され、オーボエ装置を取り付けられた。その翌月、第109飛行隊はワイトンに移動し、DK300（およびほかに8機のB Mk IV）はオーボエの試験に使用された。この機体は長期間の前線での使用を生き延びたが、第1655モスキート訓練部隊で使用されていた1944年7月22日、ハンティンドンシア州（現在はケンブリッジシア州）のパイドリー上空で空中分解した。（via GMS）

イギリス空軍の損失が少なかったのはおもに「ウィンドウ」のためで、初めて使用された。「ウィンドウ」はアルミフォイルが片面に貼ってある黒い紙のコードネームで、ヴュルツブルク地上レーダーとリヒテンシュタイン機上迎撃レーダーの周波数の半分の長さ（30cm×1.5cm）に切ってあった。航空機から1分間隔で1000枚の束で投下されると、「ウィンドウ」はレーダー波を反射してレーダースコープは「真っ白」になった。

1943年11月18〜19日、第139飛行隊による最初の陽動爆撃作戦が行われ、爆撃機の大編隊であるかのような印象を与えるために「ウィ

第109飛行隊のオーストラリア空軍フランク・グリッグズ大尉（DFC）とA・P・"パット"・オハラ大尉（DFC, DFM）が1943年のマーハム基地で彼らの特徴的なマークが描かれたモスキートB Mk IVの前でカメラにポーズをとっている。このペアは1944年1月までオーボエを使用した作戦を行った。その後、グリッグズ大尉はオーストラリアに帰国し、オハラ大尉は2回目の前線勤務を完了している（ふたりはそれ以前、スターリングに一緒に乗り組んでいた）。グリッグズは大勢のパイロットと組んで出撃することになったが、その中にはA小隊隊長のピーター・クレボー中佐もいた。1944年10月25日、エッセンを赤色目標指示弾で目標指示中に、クレボー中佐とオハラ大尉のモスキートに対空砲の破片が命中した。オハラ大尉が体を前に傾けて爆弾倉扉を開くレバーを押した瞬間に、破片が風防を突き破った。焼けた金属片はオハラ大尉の戦闘服の肩章を引き裂き、クレボー中佐の顔にはパースペクスの破片が飛び散り、彼は目がほとんど見えなくなった。クレボー中佐は視力が大幅に低下したにもかかわらず、リトルストーンまでモスキートを操縦し、無事着陸した。クレボー中佐は1945年3月21日のシェルハウス攻撃で戦死する。(Pat O'Hara)

ンドウ」が使用されたが、実際には飛行隊規模の戦力で作戦していた。そして、その間に重爆撃機部隊が本当の目標に向かっていたのだ。11月26日には、この部隊の3機のモスキートが主力部隊に先行して、ベルリンへの進入路を「ウィンドウ」を撒きながら飛行し、引き返して爆弾を投下した。また、これらの機体は夜間戦闘機を重爆撃機から遠ざけるために、最大で50マイル（80km）離れた別の目標に陽動爆撃を行っている。

1943年11月末にはケンブリッジに近いオーキントンで第627飛行隊が編成され、それに続いて1944年1月1日にグレーヴリーで第692飛行隊が編成され、第8航空群で5番目のモスキート飛行隊になった。第692飛行隊は4000ポンド（1814kg）爆弾（その形から「ブロックバスター」、「クッキー」、「危険なゴミ缶」などさまざまな名前で呼ばれた）をドイツの目標に初めて投下したモスキート部隊ということになっている。DZ647が2月23〜24日にデュッセルドルフ空襲の際に投下したのである。DZ647は少数の改造されたB Mk IVの1機だった。そのB Mk IVは爆弾倉を補強され、爆弾倉扉も改修されていたが、4000ポンド爆弾を搭載するという任務に完全に適していたわ

これもノーズ・アートを描いた第109飛行隊のB Mk IV シリーズIIである。DK333は1943年1月27日の作戦に参加した際に、地上目標指示弾（250ポンド目標指示爆弾）を投下した最初のモスキートとなった。この機体は第192飛行隊にも所属したのち、1945年5月30日に廃棄処分となった。(via Phil Jarrett)

けではなかった。それでも、高々度用のモスキートB MkXVIが実戦に投入されるまでは、改造されたB MkIVが「クッキー」を運び続けることになる（B MkXVIの爆弾倉は胴体から張り出しており、より強力な1680馬力のマーリン72/76あるいは1710馬力のマーリン73/77エンジンを装備して、高度28500フィート（8550m）で最高速度時速419マイル（670km/h）を出した）。第692飛行隊は1944年3月5/6日のデュイスブルク爆撃でMkXVIを実戦に初使用している。

　1943、44年の冬には爆撃軍団によるベルリンへ攻撃が開始された。その立案は爆撃軍団司令のハリス中将によるものだった。短期間に連続して16回の大規模な空襲が「ビッグ・シティ」に対して行われたが、この首都はあまりに広大であり、また、天候はしばしば悪かったため、はっきりとわかる成果は達成できなかった。第139飛行隊はカナダ製モスキートの使用ではほかに先駆けており、B MkIV、MkIX、MkXVIそしてMkXXを運用するようになっていった。その第139飛行隊は1944年2月1〜2日、ベルリン空襲において目標指示のためにH2Sを初めて使用した。H2SはCRT（レーダースクリーン）に地図のような画像を表示し、モスキートの場合には機首の丸いレドームに収められた回転式スキャナー・アンテナに接続されていた。H2Sの使用に際しては目標の選定に注意が必要であり、海岸線や河口にある市街地区は内陸にある目標よりも識別が容易だった。水面と陸とではレーダースコープ上に確実な差異があったためである。

　1944年以降、第139飛行隊のH2Sを装備したB MkIXは頻繁に作戦を先導したり、ほかのモスキートのために攻撃目標を指示したりした。一方、オーボエMkIIを装備した第109飛行隊と第105飛行隊のB MkIXは主力部隊の爆撃作戦を先導していた。1944年1月から12月までの12カ月の間に、この章ですでに述べた第692飛行隊のほかに、さらに5個のモスキート装備の飛行隊が第8航空群に加わることになる。その最初は第571飛行隊で、4月7日にダウナム・マーケットにおいて編成された。当初はモスキートの供給が不足したために、しばらくは半分の戦力で作戦しなければならなかった。この飛行隊は、機数は充分揃わないながらも、4月13、14日に初出撃をした。その夜、第571飛行隊の2組の搭乗員が第692飛行隊の6組の搭乗員とともにベルリンを爆撃したのである。各機は50ガロン（227リッター）のドロッ

第692飛行隊のB Mk XVIに搭載される4000ポンド（1814kg）爆弾「クッキー」の列車がグレイブリーの分散駐機場に到着した。この部隊は1944年1月1日にケンブリッジシア州の飛行場でB MkIVを装備して編成された。軽夜間攻撃部隊としての最初の出撃は2月1〜2日で、モスキート3機がベルリン爆撃に出撃した。1944年初めには、改修されたB MkIVは4000ポンド爆弾「ブロックバスター」を（かろうじて）搭載できるようになっていた。とはいえ、この大きすぎる爆弾は補強された爆弾倉に注意深く「押し込む」必要があった。なお、爆弾倉扉も再設計されていた。DZ647（改修されたB MkIV）が1944年2月23、24日のデュッセルドルフ爆撃に参加した際に、第692飛行隊はドイツに最初に4000ポンド爆弾を投下した最初のモスキート部隊という栄誉を得ている。B Mk XVIは1944年6月以降、徐々に改修されたB MkIVに取って代わり、1945年10月まで使用された。
(via Tom Cushing)

第692飛行隊は、改修されたB MkⅣの場合と同様に、4000ポンド爆弾搭載可能のB MkXVIを実戦で初使用している。1944年3月5〜6日に少数機がデュイスブルク爆撃に参加したのだ。「クッキー」がベルリンに初めて投下されたのは4月13〜14日だったが、これも第692飛行隊によるものだった。B MkXVIはふくらんだ爆弾倉扉を持ち、より強力なマーリンエンジンを搭載していて「クッキー・キャリアー」には、「その場しのぎ」のB MkⅣよりずっと適任だった。この想像力をかき立てる写真に写っているのは、高空で写真撮影機に接近中のB Mk XVI MM230である。このモスキートは1943年11月に、最初はPR IXとして製造され、1946年10月22日に廃棄処分になるまでデ・ハヴィランド社が開発試験用に保有していた。(BAe via GMS)

プタンク2個と4000ポンド爆弾1個を搭載していた。

8月1日にはダウナム・マーケットで第608飛行隊が編成され、9月15日にはワイトンで第128飛行隊が開隊されてただちに軽夜間攻撃部隊に加わっている。10月25日にはグランズダン・ロッジにおいて第142飛行隊が再編成され、その晩に最初の作戦を行っている。飛行隊が保有していたのは2機のB MkXXVだけだったが、ケルンに向けて出撃したのである。12月18日にはバーンにおいて第162飛行隊がB MkXXVを装備して再編成され、ただちに歴戦の第139飛行隊とともに目標指示任務で出撃した。第8航空群で11番目の、そして最後のモスキート飛行隊となる第163飛行隊は1945年1月25日にワイトンでB MkXXVをもって再編成された。そのわずか4日後、この飛行隊はアイヴァー・ブルーム中佐(のちに中将)に率いられて、軽夜間攻撃部隊としての最初の作戦を行い、4機のモスキートがパスファインダー部隊に先行してマインツに「ウィンドウ」を投下している。

1944年初め以来、「ダム・バスター」として有名な第617飛行隊(指揮官はレナード・チェシア中佐 VC, DSO*, DFC)は、ランカスターで夜間に低高度でシャロー・ダイヴしながら照明弾を投下し、小さな工業的目標に印を付け破壊する戦術を行って成功を収めていた。しかし明らかにアブロ社の重爆撃機はこの任務では限界があり、ラルフ・コクラン中将は、チェシア中佐に強く要請された結果、この飛行隊にモスキート1機を与えた。第617飛行隊のモスキートの最初の作戦は1944年4月5、6日に行われ、チェシア中佐が(航法士のパット・ケリー中尉とともに)トゥールーズの航空機工場に対して3回目の航過で高度800〜1000フィート(240〜300m)から2個の赤色スポット信号弾で目標指示をした。彼はその後、4月10〜11日にこの機体(ML976/N)を用いて、高度5000フィート(1500m)から1000フィートに急降下しながらサン・シールにあった通信部隊の兵站部に印を付けている。

これらの成功の結果、第617飛行隊はB MkⅣ/XVI合わせて4機を受領した。これらの機体が最初に使用されたのは、4月18〜19日にパリ=ジュヴィジー鉄道操車場に目標指示を行った時で、第8航空群の3機のオーボエ装備のモスキートとともに出撃した。第5航空群所属のランカスター202機(チェシア中佐が自ら指揮)と少数のモスキートからなる攻撃部隊が操車場に集中攻撃を実施したのである。攻撃目標の範囲はそれぞれの端を赤色

スポット信号弾で指示され、ランカスターはその目標指示弾の間にきっちりと爆弾を投下した。爆撃が集中した結果、操車場は使用不能となりフランス人の人命はほとんど失われなかった。そして、ランカスター1機を除く全機が無事に帰還した。鉄道操車場の被害は非常に大きく、使用が再開されたのは1947年になってからだった。ラ・シャペルでは4月20、21日に第617飛行隊のモスキート3機によって目標指示が行われ、一方、ブラウンシュヴァイクは4月22、23日に低高度からの目標指示戦術の標的にされた最初のドイツ都市となった。

　第617飛行隊にモスキート4機の貸与を認可したサー・アーサー・ハリスだった。彼は言った、もし4月24、25日の夜にミュンヘンに大きな打撃を与えることができれば、第617飛行隊はモスキートをそのまま保有できる、と。この長距離の作戦のために4機はケント州の海岸沿いのマンストンに移動した。目標上空にたどり着くと、4機のモスキートはこの任務を見事に遂行した。チェシア中佐は高度12000〜3000フィート（3600〜900m）に急降下し、丸12分の間、対空砲火にさらされながら高度700フィート（210m）足らずで都市上空を繰り返し飛行したのち、目標地域を離脱した。デイヴ・シャノン少佐は高度15000〜4000フィート（4500〜1200m）まで急降下したが、目標指示弾が機体から離れなかった。一方、4機目のモスキートは4発のスポット信号弾を投下した。爆弾の90％は狙った場所に落ち、爆撃軍団とアメリカ第8航空軍がそれまでの4年間で与えた損害を合わせたよりも大きな損害を一夜にして敵に与えた。この空襲の成功に対するチェシア中佐の貢献は1944年9月8日にVC勲章が彼に授与された際の感状でも言及されている。

　1944年4月、第627飛行隊は特別目標指示任務のために第8航空群からウッドホールスパーの第5航空群に移管された。ランカスター装備のパスフ

右頁上●翼下に50ガロン（227.3リッター）・ドロップタンクがはっきり分かる第128飛行隊の3機が、今度のベルリン爆撃に出撃するためにワイトン基地でタキシングする。モスキートは頻繁にベルリンへ出撃したため、搭乗員たちはその任務を「ベルリン特急」と呼び、目的地への往路とその復路に設定されたいくつかの航路は「プラットフォーム1番」、「2番」、「3番」として知られた。第128飛行隊は1944年9月15日に第8航空群（パスファインダー部隊）麾下にパスファインダー部隊として再編成され、当初はB Mk XXを装備していたが、後にB Mk XVIに機種統一した。
(via Jerry Scutts)

左および下●「ビッグ・シティ」攻撃のために第692飛行隊のモスキートのふくらんだ爆弾倉に「クッキー」がゆっくりとウィンチで吊り上げられていく。この機体は、この後、カナダ人のアンディ・ロックハート大尉とラルフ・ウッド大尉が搭乗してベルリンに向かった。このペアはモスキートで50回の出撃を完了し、そのうち18回はベルリンが目標だった。
(Mrs Phyllis Wood)

第692飛行隊ですでに1回の前線勤務を経験していたB MkIV (Modified) DZ633は、第627飛行隊がウッドホールスパーに到着した1944年8月21日以降、さらに出撃を重ねることになる。わずか19日後にはロランクール上空で対空砲が命中し、両翼にかなりの損傷を受けながらも搭乗員はウッドホールスパーになんとか帰還した。DK633は修理されたが、9月17日にブローニュ周辺を写真偵察中に、再び対空砲が命中した。片方のエンジンが命中弾を受け、フェザー状態にしなければならなかったが、再び帰還することができた。1944年12月31日、DZ633はオスロのゲシュタポ司令部攻撃に参加し、またも攻撃目標上空で機関砲弾が命中した。ウォレス・"ジョン"・S・ガント大尉(DFC*)の太股に砲弾の破片が当たり、パイロットのピーター・F・メイレンダー大尉(DFC)はその応急手当てをしたのち、ピーターヘッド基地に着陸する際にグラウンドループをやってみせた。機体は三度目の修理を受け、1945年2月12日に作戦に復帰した。この機は最終的には1945年5月30日に廃棄処分になった。(Andy Thomas)

ァインダー飛行隊がH2Sを使って目標地域を特定したのち、照明弾を集中的に投下し、その下で第627飛行隊が正確な照準地点を見つけ出してシャロー・ダイヴをしながら500ポンド(210kg)スポット信号弾で目標指示を行うのである。そしてパスファインダー部隊のランカスターの1機に搭乗した「進行係(マスター・オブ・セレモニーズ)」の指揮のもとで、第5航空群の重爆撃機によって目標が破壊されるのだ。当時、この航空群は「オーバーロード」作戦の準備のための、敵の交通を遮断する目標に対する爆撃作戦の支援を専門としていた。第627飛行隊のパイロットだったJ・R・"ベニー"・グッドマン大尉はその時のことを以下のように回想する。

「アメリカ軍はサン・マルタン・ド・ヴァールヴィルの野砲陣地に危惧を感じていました。この陣地は『ユタ』海岸の奥にあったのです。これはノルマンディに接近する連合軍の船舶にとっても、『ユタ』海岸に上陸する兵隊にとっても脅威でした。第5航空群がこの精密爆撃の必要な目標を攻撃することが決定され、1944年5月28〜29日の夜にランカスター64機の爆撃部隊がサン・マルタン・ド・ヴァールヴィルに向かって飛びました。先導は照明弾投下部隊の第83飛行隊と第97飛行隊のランカスターのパスファインダー飛行隊、そして第627飛行隊のモスキート4機です。照明弾部隊はH2Sを使って野砲陣地を確認し、目標上空に照明弾のカーペットを敷きました。攻撃開始時刻5分前にモスキートが高度2000フィート(600m)で突入し、野砲陣地を視認しました。最初に攻撃目標を見つけたパイロットがVHF無線で『タリー・ホー』と叫んで僚機に進路に入らないように警告して、野砲に向かって急降下を開始し、急降下中のしかるべき時点で目標指示弾を投下しました。彼の僚機もそれに続き、それぞれ野砲陣地に向かって急降下して、その周りに赤色目標指示弾による囲いを作り出したのです。進行係(マスター・ボマー)の爆撃機はそこで主力部隊を呼び寄せました。主力部隊は各機が1000ポンド(420kg)徹甲爆弾を数発搭載していて、攻撃目標は跡形もなくなりました。

真に歴戦の機体、B Mk XVI ML963はこの写真では第571飛行隊のマーキングをつけている。同飛行隊に配備される前(同飛行隊はその初陣の1944年4月12〜13日のオズナブリュック空襲でこの機体を使用)、この機体は第109および第692飛行隊で作戦している。このチャールズ・ブラウンが撮影した航空機写真の古典は1944年9月30日にハットフィールド上空を試験飛行中に撮影されたものである。1944年7月6日のショルフェン空襲(搭乗員はラッセル・ロングワース准尉とケン・デヴィッドソン少尉)で受けた対空砲火による大きな損傷を製造元で大修理した直後である。これはML963が戦闘で損傷した2回目で、1回目は5月12日のブルンスビュッテル干拓地空襲の際に対空砲が命中している。その時には、5月25日に修理が始まり、6月26日に機体が飛行隊に戻された。ML963は1944年10月18日に再び第571飛行隊に配備され、1945年元旦にはバルジの戦いの一環として、アイフェル地域の鉄道トンネルに対する精密爆撃でN・J・グリフィス大尉とW・R・ボール中尉が使用した。彼らの11秒遅延信管付き4000ポンド(1814kg)爆弾はピットブルクのトンネルを破壊した。ML963は1945年4月10〜11日のベルリン空襲でエンジン火災を起こして失われたが、搭乗員のリチャード・オリバー中尉とマックス・ヤング曹長はエルベ川近くで無事にパラシュート脱出した。

「Dデイにアメリカ軍のパラシュート部隊がサン・マルタン・ド・ヴァールヴィルの近くに降り、第502連隊の1個分隊がこの海岸沿いの野砲陣地に向かいました。彼らが受けていた命令は野砲陣地を突破し、必要な場合には守備隊を壊滅させることでした。Dデイにノルマンディに降り立った最初のアメリカ軍兵士だったフランク・リリーマン大尉は、その砲兵陣地を偵察して、そこが第5航空群の攻撃の結果、爆撃で完全に破壊され、放棄されているのを発見したのでした」

Dデイ以降、第5航空群のモスキートは主力部隊のためにフランスの攻撃目標の指示任務を続け、第8航空群のベネット准将が指揮する軽夜間攻撃部隊はドイツの都市に向けて出撃した。カナダ軍所属のアンディ・ロックハート大尉とラルフ・ウッド大尉(航法士)はこの時期から1945年にかけて第692飛行隊に所属してモスキートで50回の作戦飛行を行った。ウッド大尉はその中でも「極めつけ」の出撃は1944年10月5、6日の夜にやってきたと回想する。その夜、第692飛行隊のモスキート6機(5機は1000ポンド機雷1発を搭載し、1機は1500ポンド機雷1発を搭載)と第571飛行隊の4機がキール運河に機雷を投下した。

「我々は高度100フィート(30m)から『種』を投下した。それは、村々や農家の屋根の高さで飛ぶという『離れ業』の飛行だった。運河は厚く防御されていて、小口径の対空砲97門に阻塞気球、25基の探照灯があった。探照灯の1基が我々を捕捉し、我々のモスキートの真正面から1門の対空砲が射撃を開始した。その時、我々は地上200フィート(60m)ぐらいだった。少し恐ろしい思いをしたが、対空砲手は我々を外した。モスキートは全機帰還した。もっとも、ひとりのパイロットは死んだ航法士を隣に同乗させて戻ってきたのだが。我々はこの任務を楽しんだが、目標に到達する前には『震え』が来た」

11月6〜7日、爆撃軍団は235機のランカスターを差し向けてグラーフェンホルストにおいてミッテルランド運河を攻撃した。目標指示任務は第627飛行隊の7機のモスキートによって行われた。モスキートは非常に苦労した

第571飛行隊のB Mk XVI「8K-R」は1944年には、H・A・"マイク"・フーパー中尉（DFC）とアレックス・アーバックル曹長（DFM）が搭乗してオーキントン基地から出撃していた。両名とも前線勤務を生き延びて（1944年5月から11月）、無事に第1655モスキート訓練部隊に配属された。
(Barry Blunt via Andy Thomas)

のちやっと運河を見つけ出し、オーストラリア空軍のF・W・ボイル少佐とL・C・E・デヴィーニュ大尉が目標指示弾を投下したのだが、あまりにも狙いが正確だったために、運河の中に落ちて消えてしまった！　わずかに31機のランカスターが爆弾を投下したところで、マスター・ボマー（指揮官機）が作戦の中止を宣言した。ドイツ軍夜間戦闘機をミッテルラント運河攻撃と第3航空群のコブレンツ空襲から遠ざける陽動作戦としてゲルゼンキルヒェンに向かった48機のモスキートはそれよりは運が良かった。

　ゲルゼンキルヒェン空襲は計画通りふたつの主力攻撃の5分前である1925時に始まった。この都市は夕刻のイギリス空軍爆撃機738機による空襲でまだ炎上しており、高度25000フィート（7500m）からモスキートは赤色および緑色の目標指示弾と高性能爆弾を火災の中に加えた。少数の探照灯と軽微な対空砲火だけが破壊された都市の上空で搭乗員たちを出迎えたのだった。

　ベルリンはもっとも頻繁に軽夜間攻撃部隊の目標となった都市だった。モスキートは頻繁にベルリンへ出撃するため（170回、そのうちの36回は連夜の出撃だった）、その作戦は「牛乳配達」あるいは「ベルリン特急」と呼ばれ、目的地への往路とその復路に設定されたいくつかの航路は「プラット

チャールズ・ブラウン撮影の見るものの心を揺さぶるような第571飛行隊のML963、「キングのK」の写真をもう1枚。1944年9月30日、ハットフィールド上空での撮影である。

「Happy Xmas Adolf」というお祝いの言葉が書かれた4000ポンド(1814kg)爆弾の台車が、第128飛行隊のB Mk XVI、MM199/「クィニー(Queenie)のQ」に搭載されるための位置へ押されている。1944年後期のワイトン基地での撮影。この「クッキー・キャリアー」はB・D・マキューアン中尉(DFC)とハーボトル中尉のいつもの乗機だった。1944年8月28～29日、マキューアン中尉は4000ポンド爆弾を搭載したまま、エッセン空襲から帰還した。MM199は第105飛行隊に配備されたのち、第128飛行隊に配備され、1945年2月5日のハノーファーへの出撃で未帰還となった。(via Jerry Scutts)

フォーム1番」、「2番」、「3番」として知られた。一般的な搭載爆弾量は4000ポンド(1814kg)で、「蛇の巣」への典型的な作戦では目標への途中にあるいくつかの都市に攻撃するふりをしたのち、目標であるベルリンに近いレーダーを攪乱するために「ウィンドウ」を散布した。アンディ・ロックハート大尉とラルフ・ウッド大尉はベルリンへ18回の出撃を行った。ウッド大尉は以下のように回想する。

「ベルリンの上空に到達すると、いつも探照灯が何基も合わさって作り出す巨大な円錐形の中に捕捉された。そのあまりの眩しさにアンディは計器盤が読めなくなったもんだ。それで彼は『逆さまに飛んでるんじゃないかな？』と尋ねてきたのさ。私は下で爆発している爆弾を見下ろして、ちゃんとなっていると彼を安心させたんだ。対空砲火のクソが我々を取り囲むようになると、アンディは我々の『モンクトン・エクスプレス』を空いっぱいに振り回して、探照灯から抜け出そうとした。そんなときに片発が停止して、基地にヨロヨロと戻らなければならないことが3回あった。そんなときには、1基の探照灯が次の探照灯に我々を引き継いでいき、奴らの探照灯がなくなるまでそれが続いたんだ。

「ときには、味方の連中が探照灯の作り出す円錐形にあちらこちらで捕まっているのに、対空砲がそれを撃ってこないことがあった。それは、敵戦闘機がいるということを示していた。目標に到達すると、できるだけ急いで爆弾を投下して離脱しようとしたもんだ。その間、私は座席に座っていて、顔からは血の気が引き、胃はぎゅっと締め付けられていた。『ちくしょう、もうおしまいかな』と思ったもんさ。こういう緊張した時間のあとには、私は『アンディ、運命の瞬間（ジーザス）は過ぎたな』と言ったんだ。一度、『クッキー』と一緒に翼のドロップタンクを落としたことがあった。整備兵が配線を間違えていたん

カラー塗装図
colour plates

解説は97頁から

以下のカラー図には1942年から1945年の間にモスキートで戦闘に参加した多くのイギリス空軍とオーストラリア空軍の爆撃機および戦闘爆撃機部隊のおもなものが示されている。これらのカラー図は本書のために製作されたもので、機体側面図を描いたクリス・デイヴィー（マイク・ベイリーによって提供された豊富な資料を使用した）と人物画家マイク・チャペルはオリジナルの資料を調査した結果を基に機体とその搭乗員をできるだけ正確に描こうと大いに努力した。以下は、今まで一度も塗装図が描かれたことのないモスキートとともに当時の有名な機体の正確な塗装図である。

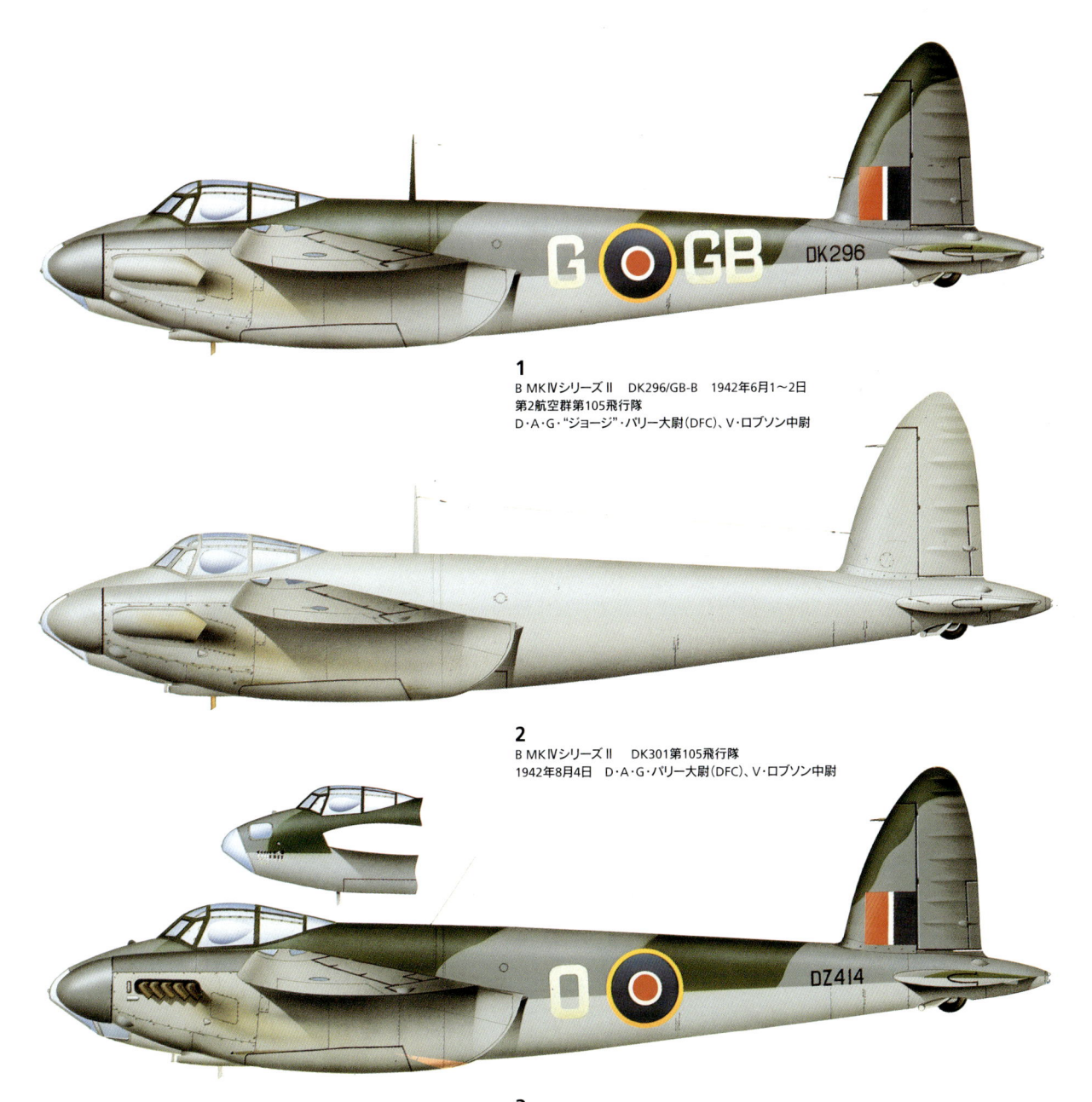

1
B MK IV シリーズ II　DK296/GB-B　1942年6月1～2日
第2航空群第105飛行隊
D・A・G・"ジョージ"・パリー大尉（DFC）、V・ロブソン中尉

2
B MK IV シリーズ II　DK301 第105飛行隊
1942年8月4日　D・A・G・パリー大尉（DFC）、V・ロブソン中尉

3
B MK IV シリーズ II　DZ414/O　映像撮影部隊
1943年2月14日　C・E・S・パターソン大尉

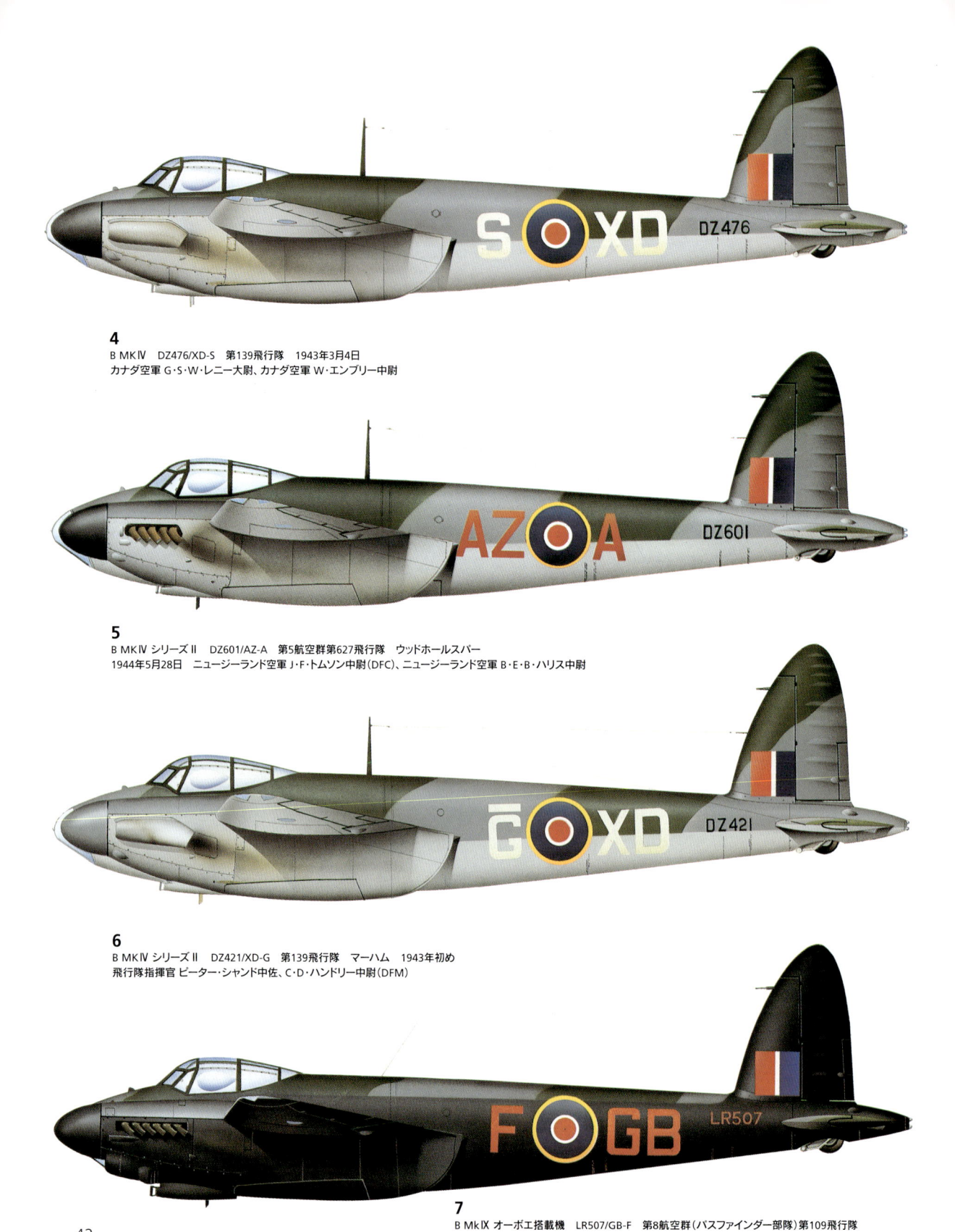

4
B MkⅣ DZ476/XD-S 第139飛行隊 1943年3月4日
カナダ空軍 G・S・W・レニー大尉、カナダ空軍 W・エンブリー中尉

5
B MkⅣ シリーズⅡ DZ601/AZ-A 第5航空群第627飛行隊 ウッドホールスパー
1944年5月28日 ニュージーランド空軍 J・F・トムソン中尉(DFC)、ニュージーランド空軍 B・E・B・ハリス中尉

6
B MkⅣ シリーズⅡ DZ421/XD-G 第139飛行隊 マーハム 1943年初め
飛行隊指揮官 ピーター・シャンド中佐、C・D・ハンドリー中尉(DFM)

7
B MkⅨ オーボエ搭載機 LR507/GB-F 第8航空群(パスファインダー部隊)第109飛行隊
ワイトン 1943年6月17日

8
B Mk XVI　ML942/P3-D　第8航空群(パスファインダー部隊)第692飛行隊
グレーブリー　1944年3月

9
B MK IV　DZ637/AZ-X　第5航空群第627飛行隊　ウッドホールスパー
1944年7月3日　ロニー・F・ベイト中尉とエドワード・A・ジャクソン大尉

10
B Mk XXV　KB416/AZ-P　第5航空群第627飛行隊　ウッドホールスパー
1944年12月31日　G・W・カリー中佐(DFC)、K・G・タイス大尉

11
B Mk XXV　KB462/CR-B　第162飛行隊　バーン　1944年12月

12
B Mk XVI　MM138/P3-A「マンクトン・エクスプレスⅢ」
第8航空群（パスファインダー部隊）第692飛行隊
グレーブリー　1944年10月　カナダ空軍

13
B MkⅣ シリーズⅡ オーボエ搭載機　DK333/HS-F「死神」
第8航空群（パスファインダー部隊）第109飛行隊　ワイトン
1943年1月　ハリー・B・スティーブンズ中尉とフランク・R・ラスケル中尉（DFC）

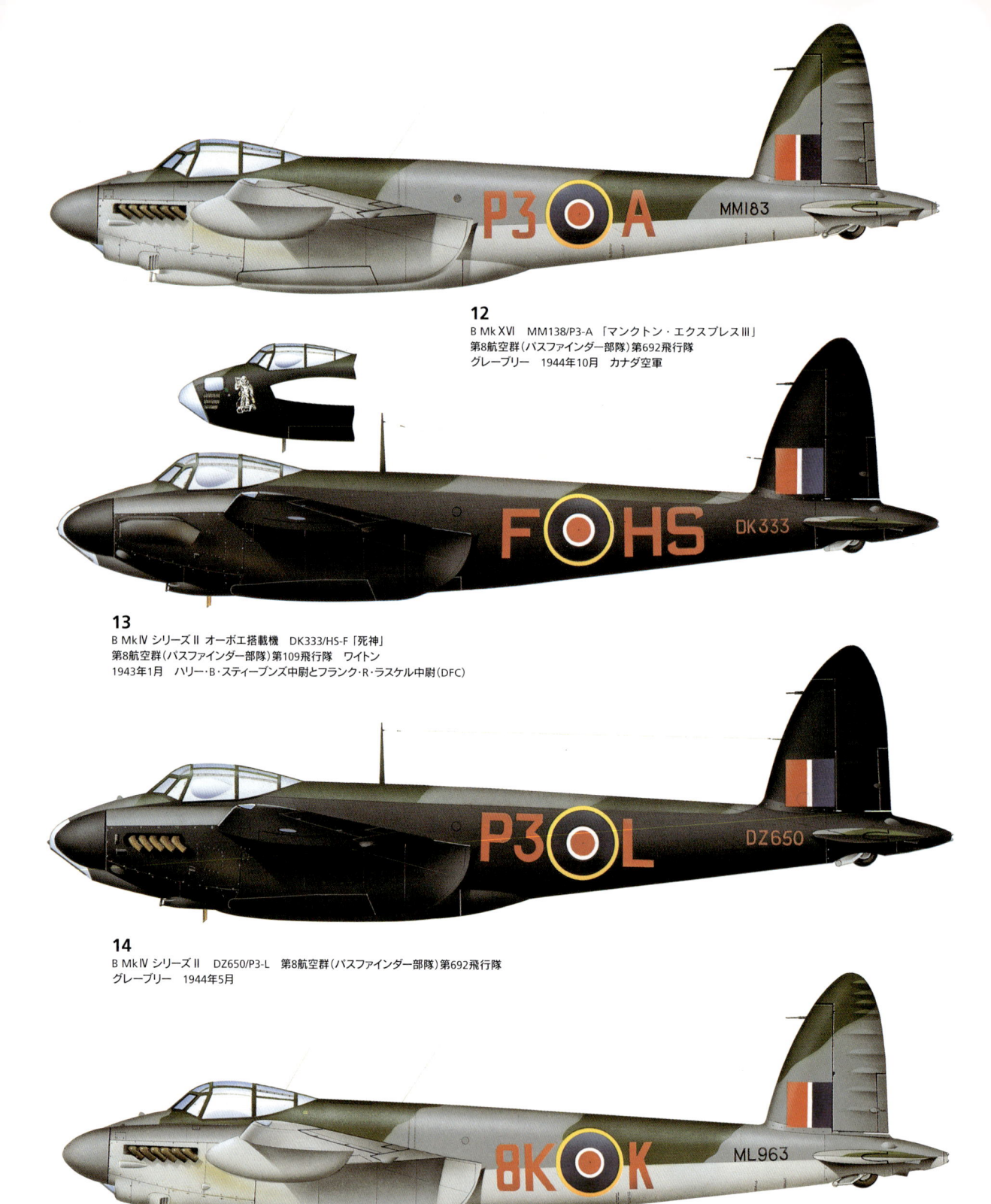

14
B MkⅣ シリーズⅡ　DZ650/P3-L　第8航空群（パスファインダー部隊）第692飛行隊
グレーブリー　1944年5月

15
B Mk XVI　ML963/8K-K　第692飛行隊　1945年4月
リチャード・オリバー中尉、マックス・ヤング曹長

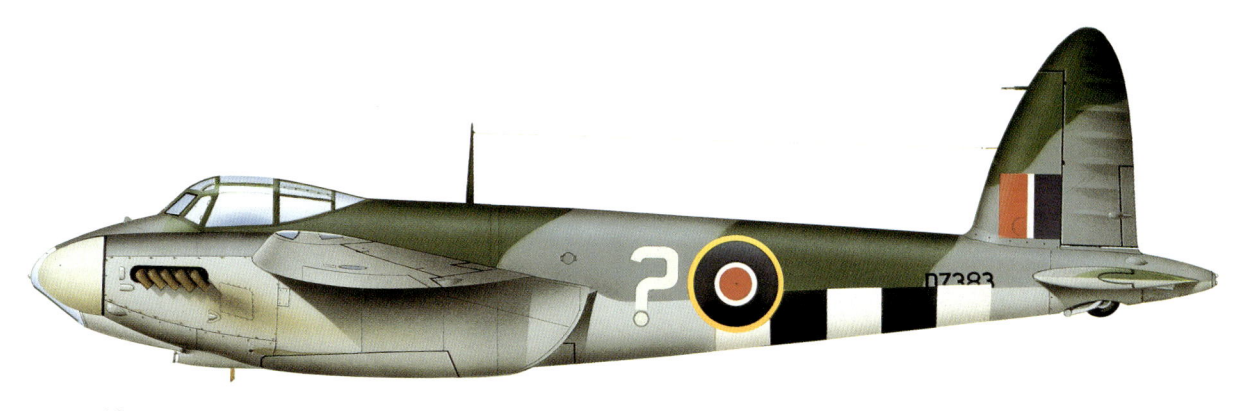

16
B MkⅣ　DZ383/?　第2戦術航空軍第138航空団　レイシャム　1944年9月

17
FBⅥ　MM404/SB-T　第2戦術航空軍第140航空団オーストラリア空軍第464飛行隊
1944年2月18日　オーストラリア空軍　イアン・マクリッチー少佐とR・W・"サミー"・サンプソン大尉

18
FBⅥ　MM417/EG-T
第2戦術航空軍第2航空群第140航空団ニュージーランド空軍第487飛行隊　1944年2月末

19
FBⅥ　MM403/SB-V
第2戦術航空軍第2航空群第140航空団オーストラリア空軍第464飛行隊　1944年2月18日

20
FB Ⅵ　HX917/EG-G
ニュージーランド空軍第487飛行隊　ハンズドン　1943年7月

21
FB Ⅵ　LR366/SY-L　第2戦術航空軍第138航空団第613「シティ・オブ・マンチェスター」飛行隊
レイシャム　1944年1月

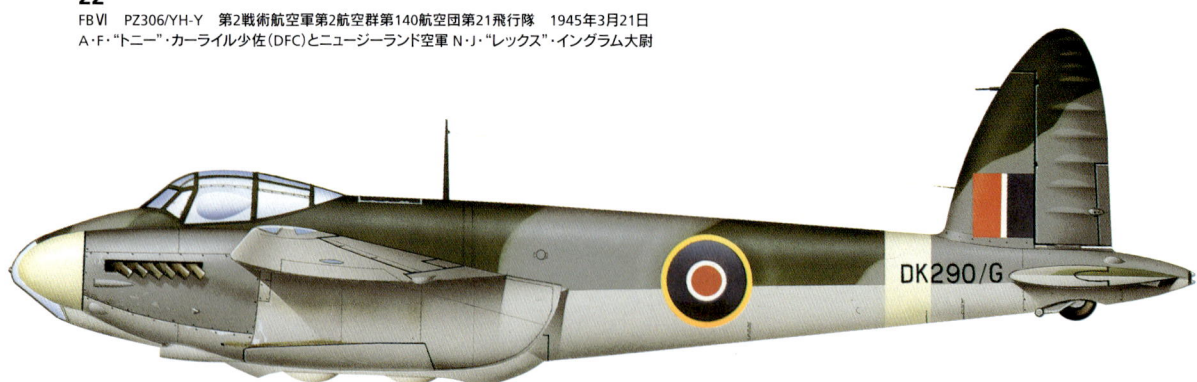

22
FB Ⅵ　PZ306/YH-Y　第2戦術航空軍第2航空群第140航空団第21飛行隊　1945年3月21日
A・F・"トニー"・カーライル少佐(DFC)とニュージーランド空軍 N・J・"レックス"・イングラム大尉

23
B Mk Ⅳ シリーズ Ⅱ　DK290/G「ハイボール」搭載機
ボスコムダウン航空機／兵器試験施設(A&AEE)　1943年4月

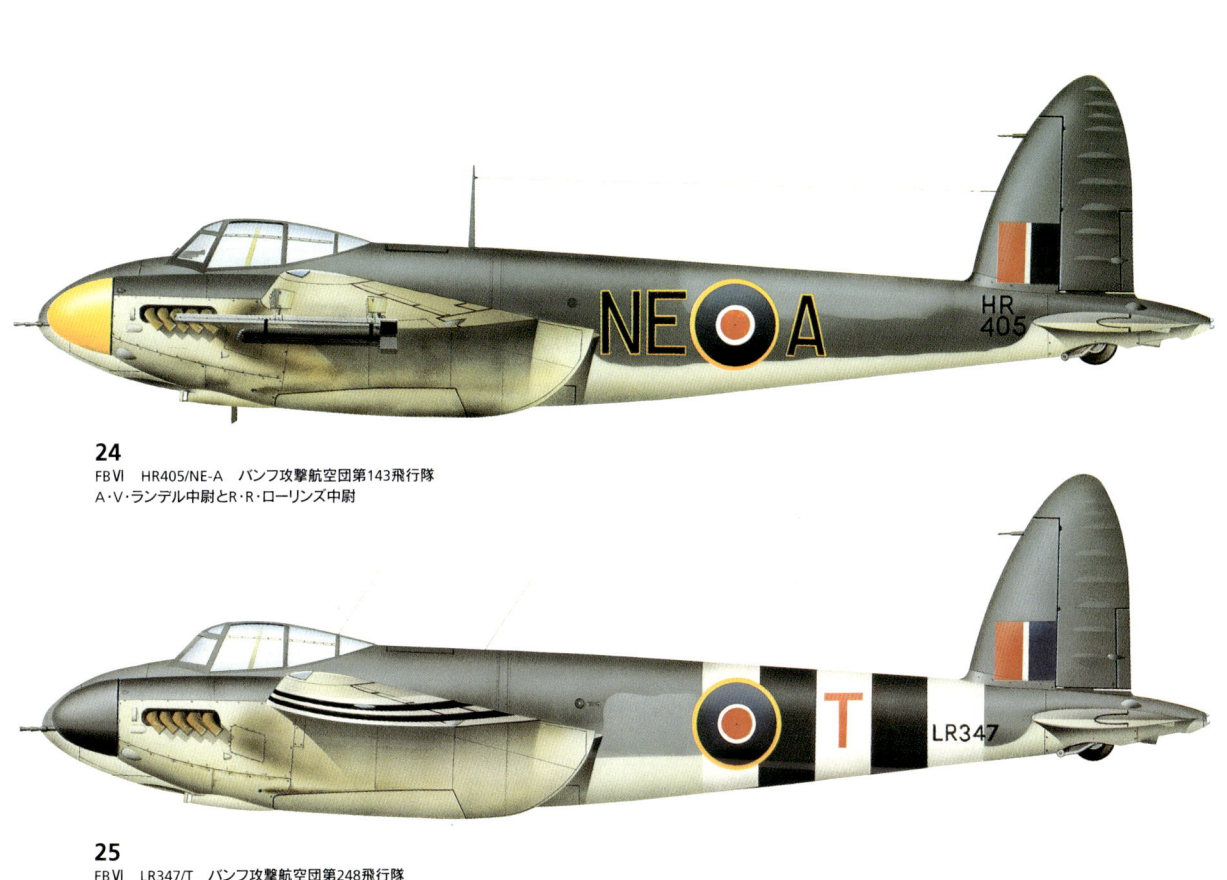

24
FB VI　HR405/NE-A　バンフ攻撃航空団第143飛行隊
A・V・ランデル中尉とR・R・ローリンズ中尉

25
FB VI　LR347/T　バンフ攻撃航空団第248飛行隊
1944年6月10日　スタンリー・G・ナン大尉、J・M・カーリン中尉

26
FB VI/Mk XVIII　NT225/O　バンフ航空団第248飛行隊　1944年6月

27
FB XVIII　PZ468/QM-D　第248飛行隊　ノースコーツ　1945年4月

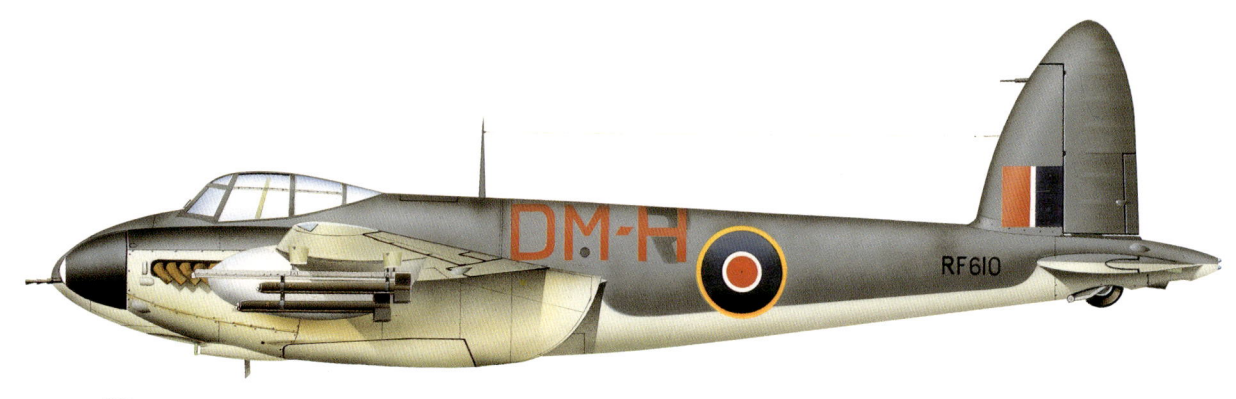

28
FB Ⅵ　RF610/DM-H　第248飛行隊　バンフ　1945年4月

29
FB Ⅵ　A52-504（元HR335）/NA-P　オーストラリア空軍第1飛行隊
ラブーアン島、1945年7月

30
FB Ⅵ　HR402/OB-C　第45飛行隊　クムヒールガム
1945年1月15日　C・R・グッドウィン大尉、S・ボッツ中尉

31
FB Ⅵ　RF668/OB-J　第45飛行隊　ジャオリ　1945年6月
カナダ空軍 フランク・ショルフィールド中尉とレグ・"タフィー"・F・ファセル中尉

1
第105飛行隊指揮官
ヒューイ・エドワーズ中佐（VC,DSO,DFC）
1942年12月　マーハム

3
第105飛行隊指揮官
ジョン・ドレイシー・ウールドリッジ中佐（DSO,DFC,DFM）
1943年6月　マーハム

乗員の軍装
figure plates

解説は103頁から

2
バンフ攻撃航空団指揮官
マックス・エイトケン大佐（DSO,DFC）
1944年10月　バンフ

4
オーストラリア空軍第464飛行隊
オーストラリア空軍 R・W・"サミー"・サンプソン大尉
1944年2月　ハンスドン

5
第84飛行隊　デーヴィソン准尉　1944年9月
アッサム州クムヒールガム

6
ニュージーランド空軍第487飛行隊付き
パーシー・C・ピカード大佐（DSO,DFC）
1944年2月　ハンスドン

だ。4分間にわたって『ビッグ・シティ』の上で探照灯の円錐形に捕らえられたことがあったが、翼に対空砲火の破片がひとつ当たっただけで抜け出せた。私の18回のベルリンへの出撃がなんらかの成果をもたらしたことを願う。帰途には、対空砲火の恐怖やドイツ上空に出現したジェット機という新しい敵に出会った」

J・F・P・アーチボールド少尉は第692飛行隊のR・H・M・"パーシー"・ヴィア少尉の航法士だった。MM224/「キングのK」に搭乗して1944年12月31日にベルリンに対して行った「ビッグ・シティ攻撃」(彼らの27回目の出撃だった)を以下のように述べた。

「『ウィンドウ』散布開始、目標まであと8分。シュートは両足の間の床にある。(ウィンドウの)束を投下するためには、体をふたつに折り曲げるようにしなければならない。プロペラ後流の中で束が開くと、無線にパチパチと音が入る。背中が痛くなる仕事だ。汗がどっと出てくる。目標まであと5分。もうすぐ最初の目標指示弾が見えるはずだ。さあ、これで最後の『ウィンドウ』の束だ。私は背筋を伸ばして、外を見る。まだ雲量10分の10の雲の上だ。よし。左方向に最初の目標指示弾だ。私は爆撃位置に飛び降りる。いや『飛び降りる』というのは誤りだ。たくさんの装備を身につけているので、むしろレスリングの試合のようだ！ 私は爆撃照準器のスイッチを入れ、最終的な風速を計算装置に入力し、そして目標指示弾が見えてくるのを待つ。機首は光学的に平面の、与熱された爆撃照準窓以外は霜で覆われている

B MkIX LR503は1943年から45年の間に213回の出撃を完了して、爆撃軍団におけるモスキートの記録を樹立した(最初は第109飛行隊に配備され、その後第105飛行隊に移管された)。この写真は203回目の出撃から帰還した直後にケンブリッジシア州バーンで撮影された。搭乗員たちは機体のスコアボードが更新されるのを見ている。(via Phil Jarrett)

1945年春、爆撃軍団司令部は、LR503は前線から引き下げるに値すると判断し、モーリス・ブリッグズ大尉(DSO,DFC,DFM)(右)と航法士、ジョン・ベイカー中尉(DFC)(彼ら自身も107回出撃のベテラン)はそのモスキートを操縦してカナダで親善訪問ツアーを行った。1945年4月23日に撮影されたこの写真では、機首の透明部が新たに付け直されたのに伴って、白だった爆弾の形の出撃マークが、より暗い色に塗り直されているのが分かる。ヒトラーの制服や、彼の頭上の爆弾、蚊の尾なども手が加えられているようである。1945年5月10日、ブリッグズ大尉とベイカー大尉はカルガリーで飛行展示中に謎の墜落事故で死亡した。(via Jerry Scutts)

エド・ボールター大尉と彼の航法士、クリス・ハート軍曹(DFM)が第163飛行隊のカナダ製B Mk XXV(マーリン225装備)、KB403/「バーティーのB」の前でポーズをとる。1945年初め、ワイトン基地での撮影。1945年1月25日、第163飛行隊は指揮官アイヴァー・ブルーム中佐(DFC)のもとに再編成され、おもに第128飛行隊の人員(および機材)で構成されていた。第163飛行隊の軽夜間攻撃部隊としての初出撃は1月28～29日の夜だった。B Mk XXV、4機が出撃し、パスファインダー部隊の前方でウィンドウを散布した。「バーティーのB」に搭乗して、ボールター大尉とハート軍曹は軽夜間攻撃部隊として17回の出撃を行った。(Ed Boulter Collection)

第692飛行隊のB Mk XVI MM188/「NanのN」を背にJ・F・P・アーチボールド少尉(左)と航法士、R・H・M・"パーシー"・ヴィア少尉がポーズをとる。彼らはこの機で3回の出撃を行っている。1944年10月23～24日のベルリン空襲、1944年11月5～6日のシトゥットガルト、1945年3月5～6日の再度のベルリン空襲である。毎回、搭載指定は4000ポンド爆弾1発だった。(Sqn Ldr John Archbold)〔訳注:Nanは「おばあちゃん」という意味か、あるいは女子名の愛称〕

ので、前方はあまり遠くまで見えない。

「あと、数分だ。『目標指示弾がまた投下されたぞ。赤色と緑色だ』とロンが言う。『爆弾倉扉開け』。私も『爆弾倉扉開け』と復唱する。扉が開いて爆弾倉に風が吹き込んでくるとゴウゴウと轟音が聞こえてくる。『俺たちは(目標指示弾が)3つ束になってる奴へ向かってるぞ』とロンが言う。『まだ君には見えないか?』。私は首をひねって窓に近づき、横目で前方を見る。『ああ、ちょうど見えたよ。了解。左へ左へ、左へ左へ、よし。進入路よしだ。もう少し蛇行を続けてくれ。まだ1分ぐらいある。』私は目標指示弾を爆撃照準器の方眼の中心線に捉え、爆弾投下スイッチに親指をかける。目標指示弾が十字線に来たらこれを押すのだ。

「前方の雲の下に2個の大きな白い閃光が現れ、最初の2個の『クッキー』が投下されたことを知る。私はほとんど無意識のうちにそれを認識する。『右方向に対空砲火が少し』とロンが言う。『了解。このまま行こう』と答える。『右へ、少し右へ……よし、そのまま、そのまま……爆弾投下!』投下ボタンを押す。(爆弾架の)金具が勢いよく戻って爆弾を投下すると機体の下方でドスンと音がする。カメラがブーンと音を立て、操作盤に赤色灯が点灯する。45秒間、直線水平飛行して、目標指示弾に対する我々の爆弾の爆発位置の写真を撮らなければならない。あとで爆撃の正確さを確認するためだ。私は大急ぎで航法士席に戻り、『ウィンドウ』のシュートから下を見下ろした。待ち時間は果てしないように感じる。『爆弾倉扉閉め』とロンが言う。カメラの緑色灯が点灯する。『姿勢、このまま』と私は言う。雲の下で巨

第三章●パスファインダー部隊

52

大な閃光が起こる。『アレが彼女だ。OK。こんな所からはさっさと逃げようぜ』そして我々は南西に針路を変え、目標地域から離脱する」

この任務ののち、朝の最初の光が差すと(1945年元旦)、アルデンヌではバルジの戦いがまだ激しく続いている中で第8航空群のモスキートは大戦中でも特筆すべき昼間作戦のひとつを行うよう要請された。爆撃軍団はライン川とアルデンヌ地方の間のアイフェル地方の鉄道による補給線を遮断しなければならなかった。そのため、重爆撃がコブレンツとケルン近郊の操車場を爆撃する一方で、目標地域の14本の鉄道用トンネルに対する精密爆撃は第128, 第571, 第692飛行隊のモスキート17機によって遂行された。各機は4000ポンド(1814kg)遅延信管爆弾を搭載し、100～200フィート(30～60m)の高度からトンネルの開口部に反跳爆撃を行ったのだ。PF411(第128飛行隊所属のB MkXVI)は離陸時に墜落し、搭乗員は死亡した。同飛行隊の残りのモスキート4機の攻撃は成功と失敗の両方があった。第692飛行隊のB MkXVI、7機のうちの6機はマイエン周辺のトンネルを爆撃し、PF414(およびその搭乗員、ジョージ・ネアン大尉とダニー・ラン軍曹)を小口径の対空砲により失った。もっとも大きな損害を敵に与えることになったのは第571飛行隊の5組の搭乗員で、B MkXVIのML963/「キングのK」(ノーマン・J・グリフィス大尉とW・R・ボール中尉が搭乗)が投下した爆弾はビットブルクのトンネルを破壊した。

ヨーロッパでの戦争が終結に向かうにつれて、モスキートは頻繁に昼間に爆撃機のための目標指示任務を要請された。大戦でももっとも劇的な目標指示任務は3月14日に行われた。第5航空群のモスキート1機と第105およ

第128飛行隊のB Mk XVI RV297/「M5-F」が1945年3月21～22日の夜の出撃のためにタキシングを開始する。この機は2波に分かれてベルリン空襲を行った第8航空群(パスファインダー部隊)のモスキート142機の1機だった。この作戦では1機が失われただけだった。軽夜間攻撃部隊のモスキートは計170回のベルリン攻撃を行い、そのうち36回は連夜の出撃だった。RV297は第692、第128、第139、第572、第98飛行隊で使用されたのち、1948年8月5日に引退してイギリス空軍通信学校の教材になった。

1945年3月21日、地上要員がB Mk XVI PF432の爆弾倉へ4000ポンドの「クッキー」を押していく。第128飛行隊の所属で場所はワイトン基地である。この機も、その夜、「ビッグ・シティ」に対して行われた2波の攻撃のどちらかにしっかり参加した。PF432は第128飛行隊の配備される前には、第692飛行隊で使用されている。(via Jerry Scutts)

び第109飛行隊のオーボエ・モスキート8機が出撃して、同じ航空群のランカスターのためにビーレフェルトとアルンスブルクの陸橋に対して目標指示を行ったのだ。4機のモスキートは第9飛行隊のためにアルンスブルク陸橋の目標指示をしようとして失敗し（その結果、陸橋にはまったく損害がなかった）、オーボエ・モスキートのうちの3機は第617飛行隊のためのビーレフェルト陸橋の目標指示ができなかったが、第105飛行隊のG・E・エドワーズ中尉は（B MkXVIのMM191号機に搭乗）目標指示弾を攻撃目標に命中させることができた。その結果、爆弾の威力により陸橋は100フィート（30m）以上が倒壊した。出撃した31機のランカスターのうち28機は「トールボーイ」を搭載し、第617飛行隊所属の1機は最初の22000ポンド（9979kg）「グランドスラム」爆弾を投下したのである。

　第8航空群のモスキートによるベルリンへの最大の作戦は3月21、22日にやってきた。142機が2波の攻撃を行い、損失は1機だった。第8航空群が最後の昼間作戦を行ったのは3月6日で、48機のモスキートが第109飛行隊所属のオーボエ搭載の指揮官機に率いられてヴェーゼルを爆撃している。モスキートによるベルリンへの最後の攻撃は4月20、21日で、76機が6波の攻撃を遂行した。4月25日には359機のランカスターと16機のモスキート（8機のオーボエ目標指示機を含む）がベルヒテスガーデンにあったヒトラーの山荘である「鷲の巣」とSSの兵舎を爆撃するために出撃したが、アルプスはすべてのレーダー波を遮断したためオーボエ機は1機も爆撃できなかった。

　4月25〜26日には12機のモスキートがドイツの捕虜収容所上空でビラを投下し、捕虜たちに戦争の終結間もなくであることを伝えた。そして、その3日後には「マナ」作戦［*5］が開始された。これはドイツ占領下のオランダで飢餓に瀕したオランダの民衆へ食糧を投下する作戦であった。オーボエ・モスキートは投下地点をイギリス空軍とアメリカ陸軍航空隊の重爆撃機に指示するために大いに活用された。重爆のため爆弾倉は高性能爆弾の代わりに食糧が詰め込まれていたのである。

　キールに兵員輸送船が集結した際にはドイツがノルウェーに最後の陣地を構えることが危惧され、5月2、3日の夜に第8航空群のモスキート142機と第100航空群のモスキート37機による3回の空襲が行われた。これは爆撃軍団による大戦最後の作戦だった。

　1945年1月〜5月の間に軽夜間攻撃部隊は延べ4000回近い出撃を行い、第8航空群のモスキートによる戦争全体での出撃記録はヨーロッパ戦線勝利までに延べ28215回に達した。このように出撃回数が非常に多いにもかかわらず、爆撃軍団においてモスキート部隊の損失は最少だった。108機、すなわち2800回の出撃で1機の損失であった。そのほかに88機が修理不能となる損傷を受けていた。これらの出撃の3分の2以上は主力重爆撃機部隊が出撃できなかった夜に行われたものだった。

訳注
*3：ゴモラは旧約聖書に出てくる、神に滅ぼされた町の名前。
*4：激しい火災で上昇気流が起こり、そのため周囲から風が吹き込み、その結果さらに火災が激しくなった。
*5：マナは旧約聖書中で神が恵んだ食物。

chapter 4

第2戦術航空軍
2nd TAF

　1943年6月1日、第2航空群所属のノーフォーク州に基地を置くボストン、ヴェンチュラ、ミッチェル装備の11個飛行隊によって、バジル・エンブリー少将が指揮する第2戦術航空軍が編成された。その任務は単純明快だった。すなわち、1944年夏に予定されていた大陸侵攻の準備を支援することである。エンブリー少将は即座に司令部を侵攻する海岸線に近いハンプシア州の飛行場に移動させた。彼はモスキートFB VIを求めたが、「木製の驚異」は供給不足だったため、ロッキード社製の時代遅れのヴェンチュラを飛ばしていた3個飛行隊、すなわち第21飛行隊、第464飛行隊（オーストラリア空軍）、第487飛行隊（ニュージーランド空軍）の機種改変が最優先となった。

　チャールズ・パターソン大尉はこの時期、新設された第2戦術航空軍で映像撮影部隊所属のモスキートB Mk IV DZ414に搭乗していた。彼は以下のように説明してくれた。

　「ヴェンチュラは実戦で使用された飛行機としては、きっと最低だったに違いない。戦闘任務で使用するには性能が非常に足りなかっただけでなく、飛ばすのが大変な代物(デビル)だったんだ。重たくて、のろくて、機動もできなかったんだ。バジル・エンブリーの精力的な活動と断固とした決意のおかげで、ヴェンチュラ装備の3個飛行隊全部がモスキートFB VI戦闘爆撃機に機種改変されたんだ」

　FB VIは昼間および夜間の戦闘爆撃任務、敵地侵入任務や長距離哨戒任務を行う機種で、2基の1460馬力のマーリン21/23あるいは2基の1635馬力のマーリン25を装備していた。試作機は1942年6月1日に初飛行し、量産

第2戦術航空軍の第138航空団と第140航空団の6個飛行隊の装備機はほぼすべてモスキートFB VIだった。1943年7月、ハンスドン基地から第140航空団ニュージーランド空軍第487飛行隊のFB VI HX917/EG-Gが出撃を開始してタキシングしている。昼間爆撃任務のモスキートはダークグリーン/ライトグレーの上面にライトグレーの下面の迷彩でスピナーと胴体の帯はダックエッグブルーだった。この塗装パターンは同時期の戦闘機軍団の塗装をモデルにしていて、ドイツ空軍の戦闘機パイロットにFB VIがモスキートの戦闘機型だと思い込ませる狙いがあった。残念ながら、このトリックは夜には働かず、HX917は1944年7月5日にフランスへの夜間敵地侵入任務で失われた。

機は1943年2月にデ・ハヴィランド社の工場から現れた。最終的には、2289機前後（モスキートの全生産機数のほぼ3分の1）が生産されることになる。再び、チャールズ・パターソンの説明である。

「ジョージ・パリー少佐（DSO,DFC*）が指揮する機種改変用小隊がスカルソープで編成され、私は彼の副官だった。我々はこの3個飛行隊を約6週間でモスキートに機種改変した（第464飛行隊と第487飛行隊は8月に最初のFB VIを受領し、第21飛行隊は9月に受領した。この3個飛行隊は第140航空団を構成することになる）。最初の作戦を行うまで複操縦装置装備型をずっと与えられていて、その最初の任務は比較的容易なものだった」

この写真は、「ジェリコ」作戦、すなわち1944年2月18日のアミアン刑務所に対する精密爆撃作戦中にボブ・アイアデル中佐機、第464飛行隊のFB VI MM412/SB-Fから撮影されたシネフィルムからの写真である。この作戦は第二次世界大戦でももっとも有名な作戦のひとつであり、オーストラリア空軍第464飛行隊とニュージーランド第487飛行隊のFB VI、12機が刑務所の壁を破壊した。この作戦の結果、収容されていた700人のうちの多くが脱走することができたが、そのほとんどはのちに再び捕らえられた。MM412の後方を飛ぶのはMM402/SB-AでW・R・C・サグデン少佐と航法士のA・H・ブリッジャー中尉が搭乗していた。このFB VIは1944年3月21日の作戦で失われたが、MM412は第487飛行隊での戦闘も生き延びて、第13実戦訓練部隊と第1海外空輸飛行隊に一時期在籍したのち、1952年4月にユーゴスラヴィア空軍に売却された。(via Jerry Scutts)

　1943年10月3日の日曜日、第2航空群のすべての爆撃機飛行隊はパリとブルターニュの間の一連の変電所のひとつを目標として割り当てられ、それを低空から攻撃することになった。第487飛行隊と第464飛行隊の攻撃目標はポン・シャトーとミュール・ド・ブルターニュの発電所だった。パターソンの説明は続く。

「私は第487飛行隊の攻撃を撮影することになっていた。我々は全機がエクセターまで南下した。バジル・エンブリーは自分も出撃して第464飛行隊の編隊のうしろの方を飛んでいこうと決めた。彼は航法士にデーヴィッド・アチャーリーを連れて行った。デーヴィッドは戦闘軍団の有名なD・F・W・"バッチー"・アチャーリーの双子の兄弟だった。第2航空群でエンブリーの先任参謀将校を務めるパーシー・ピカード中佐も出撃した。

「すべては順調に進んだ。通常通り低高度で海岸に接近したあと、最初の目標に向かってシャロー・ダイヴをした。私はいつも通り単機で行動していて、自分自身で地図を確認しなければならなかった。丘の上に出ると、右の翼端の先にふたつめの目標がはっきり見えてきた。そして、この時、私は自信過剰になっていたんだ。それまでは絶対に自分自身にそんなことは許さなかったのにね。というのも、そんことになれば、致命的な結果を招くからだ。攻撃目標上空を通過して辺り一帯に私がいることに注意を喚起したあと、どんな対空砲手からも見えるところで大きく旋回して目標に向かい、攻撃をしたんだ。その時、攻撃目標がまったく無傷なままであることに気がついた。明らかに第487飛行隊は完全に目標を攻撃に失敗していた。私は自分の爆弾を投下した。

「その時、コクピットの中で凄くでかい爆発音がして、ほとんど同時に青い煙がたちこめた。20mm機関砲弾が自分の飛行機の重要な部分に直撃するという経験を私は初めてしたわけだ。私は即座に反応して操縦系統を確認し、機体はまったく問題なく操縦できることがすぐに分かった。私たちは目標地域を離脱し、私は背中に少しばかり刺すような痛みを感じ始めたが、そ

アミアン刑務所に対する精密爆撃の結果が見てとれた。北側と南側の壁が破壊された。攻撃部隊は北から進入したので、正門左の南側の壁の破壊は東あるいは北から投下された爆弾が刑務所を突き抜けた結果だと考えらえる。この作戦以来、D・R・ファウラー少尉（第487飛行隊、HX974/EG-J搭乗）とイアン・マクリッチー少佐（第464飛行隊、MM404/SB-T）のふたりが同じ穴に対して、自分の爆弾によるものだと主張しているのである！(via GMS)

れだけだった。ふと気がつくと、カメラマン（彼は機首で自分の装備の調整をしていた）の赤ら顔が煙越しに困惑しながら私の方を見ているではないか。私は言った。『そこに座ってぼうっと見てるんじゃねぇぞ。自分の席に戻って、地図を出して、俺たちがどこに向かって飛んでるか探し出してみろ。いったい、おまえは何をそんな風に見てるんだ？　機体は完全に問題なしだぞ』

「彼が指さすので、私は振り返って、素早く見た。操縦席の風防の後部が完全になくなっていた！　いつも座席のうしろに置いていた私の制帽はボロボロになっていた。無線機とGee装置（レーダー装置）も完全に破壊されていた。私を救ってくれたのは装甲板付きの座席で、それが爆風を受け止めてくれていたんだ。私の背中の刺すような痛みはいくつか小さな破片が装甲板を貫通した結果だった。私たちはそのまま飛び続けた。風が少しばかりゴウゴウとうるさかったのだが。私が操縦していたのはモスキートB MkⅣだったので、ノーフォークに戻るのに充分な燃料があった。それで私は他機よりもずっと先にフィルムとともに基地に戻った。航法士と私はお茶を飲みに行ったのだが、ベーコン・エッグを給仕してもらうのに大いに苦労した。というのも食堂を運営していた空軍婦人補助部隊の連中がまだ誰も戻ってきていないのだから、私たちが出撃していたはずがないと言うのだ。その女の子を納得させるために、私は戦闘服の上着を脱いで、シャツについた血を調べさせなければならなかったんだ！

「この航空団がヴェンチュラからモスキートに機種改変してからの最初の数週間に、ヘマをやって作戦が中止になったことが何度かあった。第105飛行隊と第139飛行隊が1942年から43年の輝かしい数ヵ月に得た経験がまったく知られていなかったか、使われなかったからだ。この最初の数週間に被った損失の多くは完全に回避できるものだった。彼らは私たちが2年前にやったのとまったく同じ誤りをしていたのだ。

「これらの問題を解決しようと、もう1回作戦が行われた。サン・ナゼールに近いロワール川沿いの精油所を昼間低高度攻撃するために、第487飛行隊はある中佐の指揮で出撃した。うまくいけば、私は精油所が炎上しているフ

第464飛行隊のオーストラリア軍イアン・マクリッチー少佐(DFC)(左)とR・W・"サミー"・サンプソン大尉が彼らのモスキート、MM404/SB-Tの脇でポーズをとる。この機は「ジェリコ」作戦中に対空砲が命中し、重傷を負ったマクリッチー少佐(破片による26カ所の傷があった)はポワの近くにボロボロのFB VIを不時着させなければならなかった。サンプソン大尉はその不時着で命を落とした。(via John Rayner)

第487飛行隊のマクスウェル・N・スパークス少尉(左)とアーサー・C・ダンロップ少尉(航法士)は「ジェリコ」作戦ではHX982/EG-Tに搭乗した。彼らのFB VIの戦歴は短かったが、第613、第464、第21飛行隊でも使用された。最終的には、1944年4月18日に第21飛行隊の搭乗員がグレーヴゼンド基地で本機を全損にしている。(A Dunlop via J Rayner)

ィルムを持って帰ってくることになる。ニュース映画にぴったりのネタというわけだ。私は自分で航路を決め、攻撃目標に到達した。そしてロワール川の向こうを眺めて精油所がまったく無傷のままであることに気づいた。私はまっすぐ目標に向かって攻撃した。私たちは後方に向いたカメラを1台搭載して、そのカメラで私が爆弾を目標に命中させたことが確認できた。第487飛行隊は目標をまったく見つけられなかったのだ。バジル・エンブリーはフィルムを見て何が起こったのか理解すると、本当に激怒していた。私は少佐に昇進し、第487飛行隊の小隊長のひとりになった」

1943年後半には、さらに多くのモスキート飛行隊が第2戦術航空軍に配備された。第613「シティ・オブ・マンチェスター」飛行隊は10月にレイシャムでマスタングIをモスキートFB VIと交換した。第305「ポーランド」飛行隊が12月にそれに続き、ミッチェルIIをFB VIに取り替えてハンプシア州の基地で第613飛行隊に合流した。1943年の最後の日には第21、第464、第487飛行隊がスカルソープから最後の離陸をしてフランスのル・ブロワを爆撃したのち、ハンスドンの彼らの新しい基地に着陸した。1944年2月1日、第107飛行隊がボストンをモスキートFB VIに替えてレイシャムに移動した。2月14日には第226飛行隊も南のハットフォード・ブリッジに移動したが、この飛行隊は戦争終結までミッチェルII/IIIを装備したままだった。

モスキートFB VIは戦闘機型と同じ武装を装備した上に、爆弾倉のうしろ半分に500ポンド(227kg)爆弾2発を搭載できた(爆弾倉の前半分は機関砲の砲尾が占めていた)。両主翼には爆弾架を装備しており、50ガロン(227リッター)・ドロップタンク2個か、さらに2発の500ポンド爆弾を搭載できた。つまり、モスキートの搭乗員は0.303インチ機銃弾4000発と機関砲弾1000発、2000ポンド(908kg)の爆弾を搭載して往復1000マイル(1600km)の任務を遂行することが可能で、しかも時速255～325マイル(408～520km/h)で巡航できたのである。

1944年1月から2月にかけて、モスキートFB VIの部隊はパ・ド・カレー地域のV1飛行爆弾の発射基地を破壊する任務で多忙だった。第613飛行隊のパイロットだったロン・スミ

スは「ノーボール」作戦、あるいは「クロスボウ」作戦とコードネームがつけられたその作戦のことを以下のように回想する。

「攻撃の方法は低高度で攻撃目標の地域まで4機から5機の緩い編隊で飛んでいき、高度3500フィート（1050m）まで引き起こし、各機個別に編隊を離脱して、1500フィート（450m）まで鋭く急降下して500ポンド爆弾を投下し、低高度で帰還するというものだった。我々の機体は爆撃照準器を装備していなかったので、爆弾は搭乗員の判断で投下された。ほとんどの搭乗員が射撃照準器に対する目標の位置を使って、いつ投下するかを決めていた。機体の速度と降下角を考慮して行うのだ。これは単に訓練と経験の問題で、得られた結果はおおむね満足のいくものだった。これらの攻撃目標は小口径の対空砲で厚く防御されており、損失も出たし、損傷を受けた機も多かった」

平均すると、モスキートの部隊は39.8トンの爆弾でひとつの「クロスボウ」基地を破壊した。これに対して、B-17は平均165.4トン、ミッチェルは182トン、B-26は219トンの爆弾を使用した。ときには、「ノーボール」基地の攻撃において、第2戦術航空軍のモスキートがパスファインダー部隊のオーボエ装備モスキート2機に支援され、スピットファイアによる戦闘機掩護を受けることもあった。しかし、この戦術は緊密な編隊で、しかも直線かつ水平に、爆弾投下までの10分間を飛ばなければならないことを意味し、対空砲手にとっては恰好の獲物だった！

アミアン刑務所攻撃に参加した第487飛行隊の搭乗員がBBCのインタビューを受けている。上段、左から右に、D・R・ファウラー少尉（HX974/EG-Jのパイロット）、M・バリボール少尉、M・L・S・ダーロール少尉（HX909/EG-Cのパイロット）。下段、左から右に、ニュージーランド人従軍記者ロビン・ミラー、マックス・スパークス少尉（HX982/EG-Tのパイロット）、デーヴィッド・バーナード（BBC）、F・スティーヴンソン少尉（この作戦でのダーロール少尉の航法士）(via John Rayner)

■ そして壁は崩れ落ちた
And the Walls Came Tumblimg Down

1944年早くには有名なピンポイント爆撃が二度行われた。その最初は「ジェリコ」[*6]作戦で、アミアン刑務所が目標だった。700人以上のフランス人囚人がこの施設に投獄されていることが知られていた。そして、イギリス諜報部は収監されている数人がドイツ人によって2月19日に処刑される予定であるという情報をつかんだのである。その結果、第2戦術航空軍は処刑が行われる24時間前に刑務所を攻撃するよう指示された。この任務は第140航空団の第487飛行隊と第464飛行隊が行うことになり、両飛行隊はパーシー・ピカード大佐と彼の航法

1944年2月29日に撮影された第487飛行隊のFB VI、「T」、「V」、「D」である。各機は翼下に500ポンド（227kg）爆弾2発を搭載している。これらの機体はいずれも、同じ2月に行われたアミアン刑務所攻撃には参加していない。(via GMS)

士、"ピート"・ブロードリー大尉に率いられた。ピカード大佐たちが搭乗したのは第464飛行隊の「フレディーのF」(SB-F)だった。悪天候の中、両飛行隊のモスキートはハンスドン基地を離陸した。各機は刑務所の高さ20フィート(6m)、厚さ3フィート(90cm)の壁を破るために11秒遅延信管付き爆弾を搭載していた。また、爆発の衝撃で独房の扉が開きほとんどの囚人に脱出の機会があるだろうと計算されていた。もし第487飛行隊と第464飛行隊が任務に失敗した場合には、I・G・"ダディ"・デール中佐が率いる第21飛行隊のFB VIが目標を破壊する命令を受けていた。編隊がフランスの海岸を越えるまでに、7機のFB VIとモスキートを掩護するために派遣されたタイフーン3個飛行隊のうちの1個飛行隊が引き返した。

午後の1201時ちょうど、看守たちが昼食をとるために席についた時に、11機のモスキートからの爆弾が刑務所に命中した。最初の爆弾がほとんどすべての扉を吹き破り外壁の1カ所に穴を開けた。トニー・ウィッカム大尉はDZ414号機に搭乗して炎上する刑務所上空を3回航過し、リー・ハワード中尉は囚われていた約700人の囚人のうちの255人前後が脱出するのを撮影できた。そのうち、182人はのちに再び捕らえられている。また、この空襲で死亡した37人前後の囚人のうちの数人は衛兵に機関銃で射殺されている。ドイツ人看守も50人が死亡した。目標を離脱した直後に「フレディーのF」は第26戦闘航空団第II飛行隊のFw190によって撃墜され、ピカード大佐とブロードリー大尉は墜死した。一方、第464飛行隊のオーストラリア空軍のイアン・マクリッチー少佐はモスキートに多数の対空砲の命中弾を受けた。このオーストラリア人パイロットは26カ所の負傷を負いながらも、大きく損傷を受けたFB VIをポワの近くに不時着させたが、彼の航法士、R・W・"サミー"・サンプソン大尉は助からなかった。

2回目の精密爆撃は4月11日に第613飛行隊のFB VI 6機によって、ハーグの5階建て、高さ95フィート（28.5m）のクンストザール・クレイカンプ美術館に対して行われた。この建物はゲシュタポにより占拠されており、オランダ中央住民登記簿と合法的に発行された個人身分証明書の写しを保管するために使用されていた。飛行隊指揮官のR・N・ベイトソン中佐（DFC）がFB VI LR355に搭乗して作戦を率いた。2番目のペアの2番機だったHP927に搭乗していたのはロン・スミス大尉だった。以下は彼の回想である。

「私は機体を低空で編隊飛行させることと、次にどんな地上の目印が現れるかを航法士のジョン・ヘップ

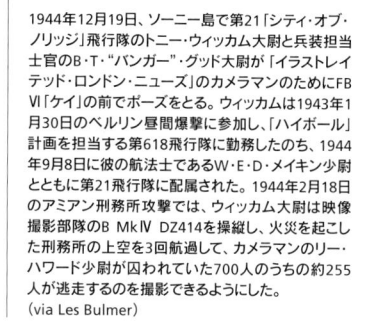

前頁下の写真の3機編隊の1機、MM417/EG-Tのクローズアップ。この機体は1944年3月26日、ル・エのV1発射基地上空で対空砲により損傷を受けたため、ハンスドン基地で荒っぽい着陸をした結果、全損となった。

1944年12月19日、ソーニー島で第21「シティ・オブ・ノリッジ」飛行隊のトニー・ウィッカム大尉と兵装担当士官のB・T・"バンガー"・グッド大尉が「イラストレイテッド・ロンドン・ニューズ」のカメラマンのためにFB VI「ケイ」の前でポーズをとる。ウィッカムは1943年1月30日のベルリン昼間爆撃に参加し、「ハイボール」計画を担当する第618飛行隊に勤務したのち、1944年9月8日に彼の航法士であるW・E・D・メイキン少尉とともに第21飛行隊に配属された。1944年2月18日のアミアン刑務所攻撃では、ウィッカム大尉は映像撮影部隊のB Mk IV DZ414を操縦し、火災を起こした刑務所の上空を3回航過して、カメラマンのリー・ハワード少尉が囚われていた700人のうちの約255人が逃走するのを撮影できるようにした。
(via Les Bulmer)

ワース中尉が言うのを聞き取ることに完全に没頭していた。目標への進入路はわざと回り道をするようになっていた。我々の目的について敵を混乱させ、最大限の奇襲効果を得るためだった。最初のペアは隊長が率いていて、30秒遅延作動高性能爆弾を搭載していた。そのため、チャールズ・ニューマン少佐とF・G・トレヴァーズ大尉が率いる我々2番目のペアは最初の爆発で飛び出した書類が全部燃えてしまうまで、ゴーダ湖を旋回していなければならなかった。3番目のペアはヴィック・ヘスター大尉とR・バーケット中尉が率いていて、高性能爆弾と焼夷弾を投下してこの作戦の仕上げをした。

「私が最後に覚えているのはサッカー選手で一杯の競技場の上に出たことで、その後、ハーグの街の北の海岸線を越え、待っていたスピットファイアに基地まで掩護してもらった。この作戦で示した統率力により、ベイトソン中佐（彼は文字通り正面扉に爆弾を叩き込んだ！）はDSOを授与され、オランダのベルンハルト王子からはオランダ飛行十字章を授けられた」

美術館の建物は破壊され、身分証明書の大半も焼失した。しかし、市民61人が死亡し、24人が重傷を、43人が軽傷を負った。のちに空軍省のある報告書はこの攻撃を「おそらく今次大戦における低高度精密爆撃のもっとも輝かしい偉業」であると記した。4月から5月にかけて第2戦術航空軍のFB VIはDデイに向けての準備としてフランスおよびベルギー、オランダ、ルクセンブルクのドイツ軍の目標を攻撃し続けた。ロン・スミスはさらに以下のように回想する。

「上陸のあったDデイの夜と、それ以降の何夜にもわたって我々の主要な任務は敵前線とその後方を哨戒して兵隊の移動やあらゆる種類の敵の地上での活動を攻撃することだった。我々の目標への入口と出口はオールダニーとシェルブール半島の間の海が狭くなっているところで、グランヴィルでフランスに進入して『テニス・コート』、つまり我々の哨戒地区まで進んだ。6月5日から7月11日の期間にジョンと私は17回の作戦飛行を完了したのだが、それらはすべて夜間だった。6月の出撃はすべてノルマンディ地区に向かい、道路や橋、操車場を攻撃し、どんな灯りや敵の活動でも見えたら攻撃した。時には我々はミッチェルと合流した。ミッチェルは我々が目標をよく見えるようにと照明弾を投下してくれたのだ」

すべての出撃記録にはそれぞれに語られるべき物語がある。第613飛行隊に所属したE・S・ゲイツは以下のように回想する。

「あの晩は漆黒の闇夜で、目標に対する機位がまずかったんだ。ひとつの灯りを攻撃しようと鋭く急降下したら、木々の暗い影が我々の右側をさっと通り過ぎたんで急上昇したんだ。ほんの一瞬遅ければ、あの世だった。それから、こんなこともあった。敵地侵入任務でペアを組んでいたフランキ

第613「シティ・オブ・マンチェスター」飛行隊は1943年12月31日にハートフォードブリッジ基地からモスキートでの最初の出撃を行い、フランス北部のV1発射基地を攻撃した。1944年4月11日、同飛行隊はクンストザール・クレイカンプ美術館を破壊するために6機のFB VIを（R・N・"ピンポイント"・ベイトソン中佐の指揮で）出撃させた。それはハーグの5階建て、高さ90フィート（27m）の建物で中央住民登記簿が収められ、ゲシュタポのオランダのレジスタンスに関する記録も保管されていた。これは離脱するFB VIの後方から撮影された、攻撃直後の写真である。
(via Carl Bartram)

兵装要員が第613飛行隊のFB VI LR355/Hの主翼下に250ポンド（113kg）爆弾を搭載している。1944年8月1日に不時着で全損となった時点でも、この機は同じ部隊に所属していた。

第613飛行隊のFB VI LR366が水たまりのできている分散駐機場で弾薬と燃料の補給を受けている。1944年2月7日、レイシャム基地での撮影。この機体は同年後半には第107飛行隊に配備されるが、1944年9月17日に失われた。それは「マーケット・ガーデン」作戦が始まった日だった。LR366は対空砲が命中して火災が発生し、自分が攻撃していた敵陣地の近くに墜落したのである。(via Phil Jarrett)

ー・リードが照明弾を投下し、我々は目標攻撃に好都合な位置に占位していたんだ。ところが我々がその黄色い光に照らし出されて、その眩しさでほとんど何も見えなくなってしまって、その上に色がついた曳光弾の滅茶苦茶な十字砲火に包まれたんだ。攻撃目標は何も見つけられず、我々の心では自己保存本能が最優先となって、照明弾の明かりの届かない闇の中に飛び込んだというわけさ」

適切な飛行場が準備されるまで、モスキート装備の航空団はソーニー島とレイシャムから出撃した。この時期に特定の建物に対する、目を見張るような昼間ピンポイント爆撃が行われている。たとえば、フランス革命記念日(7月14日)にはポワティエ近くのボンヌイユ・マトゥールにあった大きなドイツ陸軍兵舎が第21飛行隊、第487飛行隊、第464飛行隊の18機のFB VIによって攻撃された。モスキートは次々とシャロー・ダイヴを行って9トンの爆弾(25秒遅延信管付き)を投下し、わずか170×100フィート(51×30m)の長方形の中の6棟の建物を破壊した。少なくとも150名の兵士が死亡した。8月1日にはマスタングの掩護を受け、第487飛行隊と第21飛行隊の24機のFB VIが参加する追い討ち攻撃がポワティエのカゼルヌ・デ・デューヌの兵舎に対して行われた。そこには2000人のドイツ兵が駐屯していた。8月2日に

1944年中頃のソーニー島に第464飛行隊のFB VIが並ぶ。この年の4月から5月にかけて第2戦術航空軍はDデイの準備のためにフランス、ベルギー、オランダ、ルクセンブルクの目標を攻撃し続けた。6月には全作戦はノルマンディ上空で行われ、道路、橋、操車場、そして、あらゆる車両を攻撃した。
(A Thomas via S Howe)

は第107飛行隊と第305飛行隊の23機のFB VIがシャテルローの南のシャトー・ド・フにあったSS警察司令部とシャトー・モルニーにあった工作員の養成所を攻撃している。同じ頃、第613飛行隊は、ドイツ海軍の潜水艦乗組員の保養所として使用されていたノルマンディの城館を爆撃している。

　8月19日には第613飛行隊の14機のFB VIの搭乗員はチャールズ・ニューマン少佐に率いられてリモージュ南東50マイル（80km）のエグルトンで学校の建物に対して大胆な低空攻撃を行った。イギリス諜報部はその建物がSSの兵舎として使用されていると確信していた。いつものように、バジル・エンブリー少将とバウアー大佐も飛行隊の作戦を見届けるために同行した。14機のモスキートが目標を発見して爆弾を投下し、少なくとも20発の直撃弾で学校を完全に破壊した。1機のFB VIは目標地域上空で右のエンジンに対空砲の命中弾を受け、フランスに不時着しなければならなかったが、その搭乗員はわずか5日後には飛行隊に帰任した。

　8月25～26日、第138航空団は、セーヌ川を越えて撤退しようとして集結中の兵隊と車両の集団に対して全力の攻撃を行った。出撃はさらに続き、8月30日にはザールブリュッケンとストラスブール周辺の鉄道に対して、その24時間後にはナンシーに近いノマンシーにあった大規模な燃料貯蔵施設に対して攻撃が行われた。第464飛行隊のFB VI 12機もシャニーで1ダースほどの燃料輸送列車を攻撃し、高度20～200フィート（6～60m）で機銃掃射と爆撃をして、広範囲に敵に打撃を与えた。

　9月17日、「マーケット・ガーデン」作戦（空挺部隊によるオランダ侵攻作戦）の一部として第138航空団麾下の第107飛行隊と第613飛行隊のFB VI、32機はアルンヘムの兵舎を攻撃し、第21飛行隊はドイツ軍守備隊によって使用されていたナイメーヘン中心部の学校の建物3棟を爆撃した。

■ オルフス大学を低空攻撃
Low Level to AARHUS

　連合国陸軍が西ヨーロッパを進撃するにつれて、さらなる精密攻撃が命じられた。10月31日、第21飛行隊、第464飛行隊、第487飛行隊は合わせて25機のFB VIがオルフス大学に対する大胆な低空攻撃のために出撃した（各機は11秒遅延信管付き爆弾を搭載し、第315「ポーランド」飛行隊のマスタングⅢ 8機に掩護された）。オルフス大学にはデンマークのユトランド全域を管轄するゲシュタポ司令部があった。また第4カレッジにはSD、すなわちナチス党の警察組織の司令部もあった。この作戦に参加した第464飛行隊のFB VIの1機に搭乗していたオーストラリア人のアーン・ダンクリーは以

1944年、「ノーボール」基地の上空20000フィート（6000m）を飛行する第21飛行隊のFB VI LR356/YH-Y（トニー・カーライル少佐の乗機）を真上から見る。同飛行隊は第2戦術航空軍第140航空団に所属して作戦を行い、1944、45年にはピンポイント爆撃作戦で名声を得た。1945年2月6日、同飛行隊はフランスのロジエール・アン・サンテールに移動した。この基地はこの飛行隊が大陸で使用した一連の基地の最初となった。LR356は第21飛行隊で2回の前線勤務を完了し、その途中には短期間第613飛行隊にも所属した。第21飛行隊で2度目の前線勤務を終えたのち、再び第613飛行隊に配備されたが、1945年2月2日にドイツ北西部上空の夜間敵侵入任務で失われた。(via Les Bulmer)

1944年7月30日、ポワティエのカゼルヌ・デ・デューヌの兵舎がモスキートによって破壊され、8月2日にはシャトー・ド・フ(写真)が第107飛行隊と第305飛行隊から抽出された23機のFB VIによって爆撃された。シャテルローの南の城館はSS警察司令部で、悪名高い第158治安連隊の生き残りが宿舎として使用していた。3回の爆撃でこの連隊の80パーセントが死亡したと推定された。(Vic Hester)

1944年8月19日、第613飛行隊のFB VI 15機(指揮はチャールズ・ニューマン少佐)がリモージュの南東約50マイル(80km)のエグルトンの以前学校だった建物にあるゲシュタポ司令部を攻撃した。現地の諜報員はその建物はSSの兵舎としても使用されている可能性を指摘していた。モスキートは攻撃目標の位置を確認し、低高度から爆撃して少なくとも20発の直撃弾を与え、建物をほぼ完全に破壊した。(Vic Hester)

下のように回想する。

「オルフス大学は高速道路沿いにある4つか5つの建物で構成されていた。その高速道路は大学まで直線で10マイル(16km)続いていた。我々は全機が同時にイギリス海峡を越え、ある湖を地上の目印として確認し、そこで360度旋回(rate one turn)を行った。最初の6機がそこから目標に向かい、短い間隔をおいて残りの3個の6機編隊もそれに続いた。非常によく計画された作戦だったが、高速道路沿いに吹く追い風は計算外だった。最初に突入した連中は目標がはっきり見えたのだが、それに続いた連中は爆弾の巻き上げた埃や煙に対処しなければならなかった。我々が目標に到達したときは、目標周辺は滅茶苦茶だった。道路の向かいのそう遠くないところに病院があったのだが、大勢の人が騒音でびっくりしたに違いないにせよ、爆弾は1発たりとも病院周辺には落ちなかった。帰還の途中で私は隊長(A・

W・ラングトン中佐 DFC）を見失った
ので、無線で「誰か御老体を見た
か？」と呼びかけた。すると彼が無
線に出て、「我々はまだ帰り着いちゃ
いないんだ。黙ってろ！」と言ったん
だ。この飛行は4時間45分だった」

　ハリケーンでエースとなったピー
ター・ウィカム＝バーンズ大佐が率い
たこの作戦は非常に低高度で遂行
され、第487飛行隊のF・H・デントン
少佐は建物の屋根に接触して尾輪
と左水平尾翼の半分を失っている。
この損傷にもかかわらず、デントン
少佐はそのFB VIを慎重に操縦し、
無事に北海を越えてイングランドに
帰還した。爆撃を受けた建物の1棟には40歳のパストール・サンダックがい
た。彼は破壊活動の共犯の疑いで9月に逮捕され、最後の尋問をまさに受
けようとしているところだった。その時、彼は何日も鞭打たれたり手錠の周
りの紐を締め上げられたりされたあげくに、休息なしの39時間を耐え抜い
ていた。

「突然、最初に爆発した爆弾のヒューという音が我々の耳に入ってきて、大
学の上を飛行機が轟音をたてて通過した。私の尋問者、ヴェルナーという
名前のドイツ人の顔は恐怖に襲われて真っ青だった。彼と彼の助手たちは
私のことなど考えもせずに逃げ出した。彼らが通路を右に走っていくのが見
えたので、私は直感的に左に向かった。これが私の命を救ったのだ。直後
にその建物全体が崩壊した。ヴェルナーとふたりの助手は殺された。爆発

第613飛行隊の熟練の整備兵であるフィリップ・ベッ
クー等兵とE・カースレイク上等兵がベルリンへの出
撃に備えてFB VIの酸素タンクに補給をしている。
(Flight via Phil Jarrett)

上左●1944年7月と8月、第2戦術空軍のFB VIはフ
ランス、ポワティエ近郊の第158治安連隊が使う兵
舎のピンポイント攻撃を3回、要請された。その近く
の場所で大勢の捕らえられたマキとSASの要員が彼
らに処刑されたあとであった。フランス革命記念日
の1944年7月14日、ハリケーンのエース、ピーター・
ウィカム＝バーンズ大佐(DSO*, DFC)（写真）が第487
飛行隊と第464飛行隊のFB VI、18機を率いて攻撃
を行いポワティエ近郊のボンヌイユ・マトゥールでわず
か170×100フィート(51×30m)の長方形の中の建
物6棟を攻撃した。モスキートはシャロー・ダイヴで合
わせて爆弾9トンを投下し、その兵舎を破壊した。
(Derek Carter Collection)

B Mk IV DZ383/?は第2戦術航空軍第138航空団に
所属した映像撮影部隊で使用された。爆撃機型の
機首は改造されてパースペクスかガラスが多用され、
機首に座るカメラマンがほとんど全方向にシネカメ
ラを向けることができるようになっていた。前方撮影
用に400フィートリールのカメラも機首に固定されて
いた。そのカメラはパイロットがコクピットの簡単な
照準器で狙いを定めた。1944年9月17日、DZ383は
第613飛行隊のヴィック・A・ヘスター大尉（そしてカ
メラマンのテッド・ムーア）が搭乗し、「マーケット・ガ
ーデン」作戦に先行してアルンヘムの兵舎を攻撃し
た。爆弾を投下したあとは、空挺作戦の映像を撮影
するために使用された。(via Vic Hester)

1944年末、フランスのA75/カンブレー＝エピノワ基
地で撮影された第613飛行隊のFB VI、「B」および「H」
である。同飛行隊は第138航空団の第107および第
305飛行隊とともに1944年11月にこの基地に移動し
た。東方へと退却するドイツ軍に対する嫌がらせ攻
撃のために前線に近い基地に移動したのである。
(Philip Beck)

1944年10月31日、第21、第464、第487飛行隊のFB VI、25機がデンマークのオルフス大学にあったゲシュタポ司令部（および同じ建物内に保管されていた犯罪記録）を破壊した。モスキートは11秒遅延信管付き爆弾を使用し、ピーター・ウィカム＝バーンズ大佐が指揮を執った。低高度爆撃では、通常500ポンド（227kg）爆弾は投下されてから8秒から11秒で爆発するように信管が設定され、モスキートが爆風から逃れることができるようになっていた。これはまた、爆弾が爆発する前に建物内部に貫通することも意味していた。第2戦術航空軍がピンポイント攻撃を開始してすぐに、モスキートがあまりにも低空を飛ぶので安全装置が解除されて爆弾が爆発するようになる前に目標に命中してしまうことが分かった。兵装要員は簡単に問題を解決した。信管の紐を4インチ（10.2cm）から約2インチに短くして、爆弾が機体を離れるとほぼ同時に爆弾が「生きた」状態になるようにしたのである！ (Derek Carter)

音が二度聞こえて、私は気を失った。再び目を覚ましたときには、私は煉瓦の下に埋まっていた」

パストール・サンダックはその後、国境を越えて中立国のスウェーデンへと密かに連れ出された。この空襲では110人から175人のドイツ人が死亡したと推測され、その中にはユトランドのゲシュタポのトップだった「汚いネズミ」ことシュヴィッツギーベルも含まれていた。

1944年11月には第138航空団の第107、第305、第613飛行隊はついにフランスに移動し、カンブレーに近いエピノワを基地とした。同じ頃、第21、第464、第487飛行隊は後方のソーニー島に留まったままだったが、12月にはこれらのオーストラリア人とニュージーランド人の部隊は前線への分遣隊をロジアール・アン・サンテールに派遣し、1945年2月には3個飛行隊全部がこの基地に移動した。

戦争のこの段階になると敵は昼も夜も爆撃を受けていた。夜間作戦をするFB VIは多くの敵機を獲物とし、アルデンヌでのドイツ軍攻勢の後方で部隊の移動に対する妨害を続け、前線に対する近接支援も行った。ドイツ空軍は連合軍の容赦ない前進を押しとどめるには無力であり、「ボーデン・プラッテ」作戦（1945年1月1日早朝に850機以上の戦闘機が北フランス、ベルギー、南オランダの27の飛行場を攻撃した）も連合軍を止めることはできなかった。

1945年1月から3月にかけて、第138航空団と第140航空団は連合軍のほかのすべての戦術任務部隊とともに、ほぼ毎晩、攻撃任務に出撃し、可能であればドイツの道路や鉄道の交通を攻撃し、悪天候で目標を視認できない時にはGee装置を使って鉄道の分岐点を爆撃した。モスキートは増加す

兵装要員がFB Ⅵの500ポンド（227kg）爆弾を搭載している。1944〜45年の冬の撮影である。この型のモスキートは爆弾倉の後半にだけ、爆弾を搭載できた。前半は機関砲の砲尾が占めていたからである。(via GMS)

第21飛行隊のFB Ⅵ、「D」、「X」、PZ306/Y（この撮影時にはA・F・カーライル少佐が操縦）である。1945年3月15日、高々度編隊飛行の訓練と主翼のドロップタンクのテストをしているところをB MkⅣ DZ383/?から撮影したものである。この飛行は1945年3月21日のシェルハウス攻撃の準備として行われた。「D」および「X」はその作戦では使用されなかった。PZ306は1944〜45年の間、第21飛行隊だけに所属していた。その後、1946年11月に売却されたが、買い手は公開されていない。(Mrs A Carlisle via Derek Carter)

る出撃回数をよくこなした。エリック・アトキンス大尉（第305「ポーランド」飛行隊のパイロット）はそのことを以下のように回想する。

「小さくて軽かったので、モスキートは悪天候には弱かった。しかしその一方で、対空砲火や探照灯に捕まったときとか、敵機に襲われたときとかの緊急事態には、ほとんど不可能と思えるような機動で空を飛び回ることができた。その速度と、その正確さと、そしてパイロットの第六感の判断と直結した機体の第六感の判断とで、モスキートはサラブレッドの競走馬のように操縦に反応した。探照灯や対空砲火から逃れる時には、FB Ⅵは非常に小さな半径で旋回するので、まるで『穴に入ってしまった』かのように視界から消えてしまうのさ。

「モスキートは片発でもちゃんと飛べた。ただし、長距離を水平飛行するためには速度と高度が必要だったが、ドイツから片発で戻ってきたパイロットは大勢いる。だが、着陸は注意が必要だった。もう片方のエンジンがオーバーヒートしてエンコするかしないかは絶対にわからないからね！　モスキートは安全に胴体着陸できた。ただし、脚とフラップを下ろさないで進入することを忘れてなければだが。フラップを下ろしていると、必ず機体が転覆するんだ。私はフランス、エピノワの草地の飛行場に夜間に、脚なし、フラップなし、爆弾1発あり！で降りたことがあるんだ。唯一困ったことといえば、

1945年3月21日、第140航空団のFB VIがコペンハーゲンのシェルハウスにあったゲシュタポ司令部を破壊した。その最上階にレジスタンス活動の囚人26人が収容されていたが、そのうちの18人が脱出できた。その建物(右側の煙が上がっている建物)の右下には、屋根ギリギリで飛行するB Mk IV DZ414/「オレンジのO」が見える。同機には第487飛行隊のK・L・グリーンウッド大尉とE・ムーア中尉が搭乗していた。DZ414は1944〜45年のほとんどすべての大規模な低高度攻撃作戦に参加し、それ以前には1942〜43年には第105、第109、第139飛行隊で「シャロー・ダイヴァーズ」の草分けとして戦闘に参加していた。同機は戦争を生き延びて、1946年10月16日に廃棄処分となった。(via Derek Carter)

テッド・シスモア少佐(DSO,DFC*,AFC)はシェルハウス攻撃ではFB VI RS570/EG-Xに搭乗して"ボブ"・ベイトソン大佐の航法士を務めた。このふたりの搭乗員は第21飛行隊の所属だったが、機体はじつのところ、第487飛行隊から貸し出されたものだった。(Derek Carter Collection)

救急車と医務士官が私たちの所に来るのに30分もかかったことだった。彼らは爆弾が爆発するかどうか様子を見ていたんだ! 機体は軽く損傷しただけだったので、すぐに戦列に復帰した。片方の主翼の半分を失って着陸したモスキートもあったな。

「木製構造だったけど、モスキートには強度と耐久性があって、修理はより簡単だった。単にもうひとつ別の翼を継いでやればよかったんだ! モスキートの速度は(自由哨戒任務をしていない限りは)作戦時間がより短いということを意味していた。それに帰還してから次の出撃までの時間も短かったから、ルーアン周辺にドイツ軍の軽車両で混雑している時には一晩中の攻撃が命じられたんだ。我々は一晩で3回出撃した。着陸して燃料を補給し、弾薬を装弾してまた出撃だ。夕暮れから夜明けの間にハットトリックをやったんだ!」

1945年2月22日にはモスキートの飛行隊は「クラリオン」[*7]作戦に参加した。これはドイツの物資輸送システムに「とどめ」を刺すための昼間全力攻撃だった。全部で約9000

機の連合軍機が参加し、敵の鉄道駅、貨車、機関車、十字路、橋、運河や河川の船やはしけ、そして倉庫やその他の目標を攻撃した。第613飛行隊に所属したP・D・モリスは以下のように回想する。

「ロン・パーフィット(私の航法士)と私が哨戒するべき地域として割り当てられた地域はシュレスヴィヒ・ホルシュタインにあり、ドイツでも最北部で、デンマークの国境に近かった。我々の仕事は広い範囲を哨戒して、敵の輸送手段や兵員を見つけたら爆撃し、機銃や機関砲で掃射することだった。いろんな目標に少しばかりぶちこわしたあと、我々の帰還する時間がやってきた。土手で仕切られた平原を、土手とほとんど同じくらいの低高度で飛んでいると、300ヤード(270m)ほど前方の土手の上にドイツ兵ひとりが現れて、我々の方に向かって銃を撃ち始めた。私は機銃と機関砲の両方を発射可能にして、注意深く狙いを定めて両方の引き金を引いた。私の機銃と機関砲は完全に沈黙したままだった！　しかし、私は彼を心底震え上がらせてやろうと心に決めて、彼の上を2、3フィートで通過し、彼が顔を地べたにつけて突っ伏しているのが見えた。その兵士を通り過ぎたところで、もう一度機銃と機関砲を試してみると、完璧に作動したんだ！」

「クラリオン」作戦は昼間にモスキートが大規模に作戦した最後の機会だった。第138航空団と第140航空団はFB VI 9機を失い、さらに多数の機体が損傷を受けた。

「カルタゴ」作戦
Operation CARTHAGO

　1945年3月、第140航空団は今一度、大胆な作戦を遂行することを命じられた。今回はコペンハーゲンのシェルハウスにあったゲシュタポ司令部が目標だった。ドイツ人は彼らの建物が精密爆撃に無防備であることを理解するようになり、シェルハウスの最上階に独房を設けて26人のレジスタン

オーストラリア空軍ピーター・レイク中尉(DFC)(左)とW・ノール・シュリンプトン大尉(DFC)は第464飛行隊に所属してオルフス大学攻撃とシェルハウス攻撃の両方に参加した。(Derek Carter Collection)

この素晴らしい写真は1945年3月21日のシェルハウス攻撃でシュリンプトンとレイクが搭乗するPZ353/SB-Gがコペンハーゲンのすぐ北、ソボルグを低空で飛行する様子を捉えている。彼らは目標地域を二度旋回し、その建物が大きく損傷して火災を起こしているのを確認すると、爆弾を搭載したまま帰還した。囚人たちを不必要に殺してしまうことを避けたのだ。本章の56頁で取り上げたMM412と同様に、PZ353号機は第464飛行隊での使用と第1海外空輸部隊での使用を生き延び、その後、1952年10月にユーゴスラヴィア空軍に売却された。(Toxvaerd Foto via Derek Carter)

ス活動家と政治犯を収容した。しかし、イギリス諜報部は、レジスタンスの闘士たちがゲシュタポに射殺されるよりもイギリス空軍の爆弾に殺される方を望んでいることを知り、1945年3月21日にノーフォーク州、ファースフィールド基地から「カルタゴ」作戦が発動された。FB VI RS570に搭乗したR・N・"ボブ"・ベイトソン大佐(DSO,DFC,AFC)と戦術任務の航法士では第一人者のテッド・シスモア少佐(DSO,DFC)が3波に分かれた18機のモスキートを率いた。各波は6機から7機で構成され、右梯形編隊を組んでいた。第1波の先頭の2機は30秒遅延信管爆弾を搭載し、残りの機は11秒遅延信管爆弾を搭載していた。2機の映像撮影部隊のモスキート(それぞれ500ポンド高性能爆弾とM76型500ポンド焼夷弾を搭載)が超低空でコペンハーゲンまでFB VIに同行した。そして28機のマスタングⅢがこの編隊を掩護した。

　4機のモスキートがこの作戦で失われた。SZ977もそれに含まれ、第21飛行隊指揮官のピーター・クレボー中佐(DSO,DFC,AFC)が操縦していた。彼は第1波の4番機のFB VIとして、ベイトソン/シスモア機、カーライル/イングラム機(PZ306)、エンブリー/クラパム機(PZ222)のうしろを飛んでいた。目標まで800ヤード(720m)ちょうどのところでクレボー中佐は鉄道操車場の高さ130フィート(39m)の照明灯の支柱に衝突し、真っ逆さまに墜落したのだった。カナダ空軍所属のT・M・"マック"・ヘザリントン大尉とJ・K・ベル大尉は6番機のHR162に搭乗し、クレボー機の後方右側にいた。このカナダ人は以下のように語る。

　「我々は互いに注意を払いながら、先頭機の『尾翼にかじりついて』、追随しようとしていた。しかし、それと同時に彼のプロペラ後流には入らないようにしていた。我々は互いを影のように追随していたのだ。我々は先頭の3機からは12フィート(3.6m)ほど低く飛んでいた。我々は旋回しなければならないことは分かっていたのだが、明らかにクレボー中佐は照明灯の支柱を見落としたか、反応するのが遅すぎたのだ。突然、サイドウィンドウ越しにクレボー機がかなり急角度で上昇してから左側に落ちていくのが見えた。A・C・ヘンダーソン少佐(LR388、この編隊の5番機に搭乗)と私は反射的に右側に急旋回してから目標に向かって飛び続けた」

　DZ414/「質問(Query)のQ」(映像撮影部隊のモスキート)を操縦していたケン・グリーンウッド大尉はクレボー機の左を飛行していた。彼は以下のように補足する。

　「その事故の10〜15秒前に、先頭機にならって各機が爆弾倉扉を開いていた。クレボー機はそれで高度(約15フィート/4.5m)を失ったのだ。私は視野の端でその支柱を見て、彼がその支柱に衝突してしまうのがわかっていたと思う。機体が支柱にぶつかると、左エンジンの部分が損傷を受けた。彼のモスキートはほとんど真上に機首を向けて、左方向へ上昇した。私は空中衝突を避けるために激しい回避機動を取らねばならず、左へ急旋回した」

　クレボー機の爆弾2発はSdr大通りの建物に落下し(1発は不発)、11人の市民が死亡した。一方、彼の機体は黒煙に包まれてジャンヌ・ダルク学校近くに墜落して、パイロットと彼の航法士、カナダ空軍のレグ・ホール中尉の両名は即死した。

　爆弾を投下したのち、第1波は散開して、建物の屋根ほどの高さを飛んでコペンハーゲンを離脱した。ベイトソン大佐とシスモア少佐はシェルハウスの1階と2階に爆弾を命中させ、エンブリー少将/ピーター・クラパム少佐と

第21飛行隊のアメリカ人、R・E・"ボブ"・カークパトリック中尉はシェルハウス攻撃では映像撮影部隊のB MkⅣ シリーズⅡ DZ383/「質問(Query)のQ」のパイロットだった。(Derek Carter Collection)

カークパトリック中尉(左)と彼の航法士兼カメラマンである第4映像撮影部隊のR・ハーン軍曹がノーフォーク州ラックヒースで対空砲による損傷を受けたDZ383の前でポーズをとる。彼らはデンマークから長距離を飛行したのち、フラップもブレーキもなしで着陸しなければならなかった。この機体はシェルハウス攻撃に参加した2機の映像撮影部隊のモスキートの1機だった。
(Mrs S Hearne via Carter Collection)

トニー・カーライル少佐／レックス・イングラム大尉も爆撃に成功した。ヘンダーソン少佐と"マック"・ヘザリントン大尉は目標の屋根に爆弾を貫通させた。もっとも、ヘンダーソン少佐は爆弾投下の前に回避機動をして、エンブリー機の上に上昇しなければならなかったのだが。というのも、エンブリー機が彼の進路に割り込んできたのだ。ヘンダーソン少佐の航法士、ビル・ムーアはそれを見て、「おい、あの爺さん、観光してるぞ！」と言ったのだった。

モスキート6機の第2波はオーストラリア空軍第464飛行隊の所属で、オーストラリア空軍のボブ・アイアデイル中佐（DSO,DFC）と航法士のB・J・スタンディッシュ中尉がSZ968に搭乗して先導していた。第1波に遅れること約2分でコペンハーゲン上空に到達したオーストラリア人たちは進路が対空砲の十字砲火にさらされていることに気づいた。また、先頭の3機はクレボー機の残骸から立ち上る煙に注意を引かれてしまった。というのも、シェルハウスの煙よりもこちらの方がずっと濃かったのだ。混乱に陥り、編隊はふたつに分かれた。一瞬のうちに判断しなければならなかった。アイアデイル中佐は攻撃を中止し、旋回してから再び攻撃を行い、シェルハウスの東端に爆弾を投下した。混乱の中で、1機のモスキートは誤ってジャンヌ・ダルク学校を爆撃してしまったようである。

オーストラリア空軍所属のノール・シュリンプトン大尉とピーター・レイク中尉もPZ353で目標を二度旋回した。シュリンプトン大尉は以下のように説明する。

「我々はある湖に到達した。そこで主翼のタンクを落とすことになっていた。その操作を行うためにはモスキートを直線水平飛行させる必要があった。横滑りしちゃ駄目だったんだ。タンクが尾翼にぶつからずにきれいに落ちてくれるようにね。気流が非常に乱れていて、これは容易じゃなかった。ピーターは地図の確認に神経を集中し、私は正確に飛行することに集中していた。私はピーターが攻撃進入路を憶えていてくれるようにと祈っていた。そして、都市のはずれで作戦説明の模型で示された最初の地上の目印を見つけた。飛行は正確なものになった。高度50フィート（15m）だ。エンジンの回転とブースト圧も予定通りだ。時速320マイル（512km/h）を出したかったが、305～310マイル止まりで、それが精いっぱいだった。私は爆弾の信管をセットし、爆弾倉扉を開いた。目標が迫ってきた。右方向からの対空砲が目標上空で円弧を描き、シェルハウスの上にはあまり隙間がない。

「その次に起きたことは衝撃的だった。『爆撃するな！　右方向に煙！』とピーターが叫んだのだ。彼は私に何かがおかしいと合図した。我々は目標を進路に捉えているのか？　これら全部は我々が目標だと考えていたものまで10～15秒の地点で起きた。問題の建物が無傷なことを見てとる時間は充分あったが、状況を評価するには時間が足りなかった。私は爆撃を中止し、その建物の上空を通過して爆弾倉扉を閉じた。スロットルを戻し、低空飛行のまま私は左方向に旋回を開始した。すぐに対空砲火の射程から出たので、私は旋回率を下げた。それから我々は状況を評価し、計画を立てた。我々が目標だと確信した建物は被害を受けておらず、火災も煙もなかった。先行した機は間違った目標を爆撃したのだという結論に我々は達した。あの火災は囮（おとり）だろうか？

「我々はもう一度、攻撃目標に進入するための位置につくことに決めた。そ

して気がつけば我々は単機で飛行していて、我々の位置とどこに向かって飛んでいるのかも分からなくなっていたので、もう一度旋回を始めた。約325度旋回したところで我々の位置が分かった。まずピーターが進入路を見つけ出し、その結果、私が目標を確認したのだ。ここで、シェルハウスはすでに爆撃を受けていると我々は判断した。粉塵と煙が見えたからだ。私は旋回を繰り返しながら進入路を続行した。そして、目標に到達したところで、すでに任務は完了しているということで我々は意見が一致した。建物の基部の大きな損傷、そして粉塵と煙を我々は視認したのだ。さらなる爆撃はシェルハウスの中のデンマーク人たちを不必要に危険にさらすかも知れないので、我々は爆撃を中止した。その後、帰還する途中、我々は任務に失敗したような気持ちになっていたと思う。少なくとも落胆していた。我々は爆弾をまだ搭載したままだったのだ」

一方、3機のFB VIからなる青分隊（PZ309のアーチー・スミス大尉とE・L・グリーン曹長が指揮）は、掩護のマスタングとともに、位置を確認するために目標周辺を旋回した。最初の旋回では、目標から左方向に遠くなってしまうモスキートが出て、シェルハウスにもっとも近い機だけが爆弾を投下できた。スミス大尉は二度旋回してから爆弾を投下し、彼の積み荷は目標の建物の東側の外に落下し、建物の角にあった衛兵詰め所を破壊した。ほかの2機のFB VI、すなわちSZ999（オーストラリア空軍"ショーティ"・ドーソン中尉とF・T・マレー中尉）とRS609（オーストラリア空軍"スパイク"・パルマー中尉とノルウェー人のH・H・ベッカー少尉）は対空砲の命中弾を受け、海に不時着水せざるをえなかった。生存者はなかった。

第3波はニュージーランド空軍第487飛行隊の6機のFB VIで構成されていた（指揮はPZ402のF・H・デントン中佐とA・J・コー中尉）。彼らは航法に問題があり、攻撃目標の地域へ北東から進入したが、これは完全に間違った方角からの進入だった。デントン中佐はシェルハウスの位置を確認したものの、すでに目標が大きく破壊されているのを見て攻撃を中止し、爆弾は海に投棄した。デントン機以外は誤ってジャンヌ・ダルク学校周辺を爆撃した。学校の建物は破壊され、その中にいた児童482人のうち86人が死亡し、さらに67人が負傷した。大人も16人が死亡し、35人が負傷した。これに加えて攻撃目標周辺でも数人が爆撃で死亡した。デントン中佐は対空砲火で損傷した機体を慎重に操ってイングランドに帰還し、そこで完璧な胴体着陸をしてみせた。また、PZ462のデンプシー大尉とペイジ曹長は片発で（400マイル／640㎞を）飛行して帰還した。もう片方のマーリンはたった1発の弾丸で冷却系に損傷を受けていたのだ。第21飛行隊のコードレター「質問のQ（写真では「？」）」のDZ383（2機目の映像撮影部隊で、アメリカ人のR・E・"ボブ"・カークパトリック中尉がR・ハーン軍曹とともに搭乗）も第3波とともに行動して目標上空で対空砲の命中弾を受け、かろうじて帰還した。以下はカークパトリックの回想である。

「私たちが都市に接近すると真正面にとても大きな黒煙が立ち上っているが見えました。そして、それと同時に数機のモッシーが鋭く左旋回しているのも見えました。私たちと彼らの進路は交差していました。彼らはその煙に向かって進路を定めました。11秒遅延信管爆弾の爆風を避けるため彼らに充分接近して追随するか、視界の悪い風防（北海を低空で飛行して飛沫の塩分が覆っていた）で危険を冒して右旋回するか、私は1秒で決めなければ

なりませんでした。その数機のモッシーが爆撃航路に入って水平飛行を開始し爆弾倉扉を開いたところで、私は追いつき編隊を組みました。私も爆弾倉扉を開き、煙の中に入る直前に彼らの爆弾が投下されるのを見ました。私も爆弾を投下し煙の中に入ると、機体を大きく揺さぶられました。そして煙を突き抜けると、ほかのモッシーは見えなくなっていました。

「都市の郊外で、私は3時方向に2機のモッシーが北に進路を取っているのが見えました。私は彼らと編隊を組んだのですが、そこで1機は右エンジンからひどく煙が出ているのが見えました(NT123、D・V・パティソン大尉とF・パイグラム曹長搭乗のこのモスキートは港に停泊していた巡洋艦「ニュルンブルク」の対空砲の命中弾を受けていた)。付き添っていたモスキートは私に去るように合図をしました。私たちの機は武装がなかったので、彼らにとってはお荷物にしかならなかったでしょう。それに、彼らの進路はイングランドへ向かっていませんでした。私が西に進路を変えたちょうどその時に、土嚢を積み上げた銃座から2門の銃が私たち3機に向かって撃ってくるのが見えました。私たちは知らず知らずに大きな兵舎に近づいていたのです。最善の、そしてもっとも素早い回避方法は銃座に向かってまっすぐ急降下することでした。私は爆弾倉扉を開いて彼らの注意を引き、狙いを逸らそうとしました。爆弾倉が開くと、砲手たちは武器を放棄して隠れてしまいました。私たちは一瞬のうちに彼らの上空を通り過ぎて、飛び去ったのでした」

パティソン大尉とパイグラム曹長はスウェーデンのヴェーン島の近くに不時着水した。彼らは主翼の上に立っている姿を目撃されたが、その後、溺死した。ふたりとも遺体は発見されていない。カークパトリックは以下のように話を締めくくった。

「帰還する途中、1時間以上も燃料のことが気がかりになっていました。イングランドの海岸が見えて、それから飛行場が見えると、私たちはまっすぐ進入しました。脚は下ろせたのですが、フラップもブレーキも使えませんでした。それで、滑走路の横の草地を滑走して停止しました。私たちが見つけたのはノリッジ近くのB-24の基地(ラックヒース)でした。私たちは憲兵に付き添われて、管制塔へ私たちが来たことの説明へ行きました」

4機のモスキートと2機もマスタングが未帰還となり、9名の搭乗員が戦死した。シェルハウスとゲシュタポの記録文書は破壊され、建物の中にいた26人の囚人のうち18人が脱出した。数人は攻撃を生き延びたあとに5階から下の通りへ飛び降りて負傷、あるいは死亡した。もしFB VI全機が爆弾を投下していたら、生存者がいたかどうかは疑問である。26人前後のナチ、30人のデンマーク人協力者、そして16人の市民が死亡した。戦後、死亡した児童たちと大人たち、そしてレジスタンスのために記念碑が建てられた。

第140航空団はもう一度、低高度ピンポイント爆撃を行っている。4月17日、ベイトソンとシスモアに率いられた6機のFB VIがオーデンセ郊外の学校の建物を昼間攻撃するために出撃したのである。それはゲシュタポによって司令部として使用されていた。バジル・エンブリーも、いつものように、同行した。モスキート部隊はその建物を破壊し、18日後にはデンマークは解放された。5月8日0800時に停戦が発効し、ヨーロッパでの戦争の勝利が宣言された。

訳注
*6：ジェリコ(エリコ)は旧約聖書に出てくる地名。
*7：クラリオンは管楽器の一種。

chapter 5

波頭を越えて
Above the Waves

　第二次世界大戦中にノルウェーのフィヨルドの奥深くに係留されていたドイツ海軍主力艦は連合国にとって本国海域および北海での船舶交通に重大な脅威となる可能性があった。イギリス海軍がもっとも恐れた軍艦は戦艦「ティルピッツ」で、この戦艦を沈めるために実施された通常の爆撃作戦は成果を上げていなかった。そのため、1943年4月1日、すなわち、第617飛行隊が「アップキープ」反跳爆弾でルール地方のダムを攻撃して成功するちょうど1カ月前に、ウィックに近いスキッテンにおいて、沿岸航空軍団内に第618飛行隊が開隊された。この飛行隊の厳重な秘密保持の下に編成され、その唯一の目的はバーンズ・ウォリス博士の「ハイボール」爆弾を使用して「サーバント」作戦[*8]というコードネームのついた一連の作戦を行い、ティルピッツやその他の主力艦を沈めることだった。「ハイボール」は重量950ポンド（431kg）（そのうち600ポンドが炸薬）で直径35インチ（88.9cm）だった。これは重量11000ポンド（4990kg）の「アップキープ」爆弾よりも9インチ小さかった。「アップキープ」爆弾は7000ポンド（3175kg）が炸薬だった。第618飛行隊は改造されたB Mk IVを配備された。これらの機体は「ハイボール」を2発搭載し、それを目標から4分の3マイル（1.2km）の距離で1分間に500回転のバックスピンをかけて低高度で投下することになっていた。

　19組の搭乗員（第105飛行隊と第139飛行隊からの11組の搭乗員と同数の機体を含む）が中核となり、第618飛行隊は1943年の大半を「ハイボール」の投下方法を習得することに費やした。訓練飛行は数え切れないほど行われたが、ティルピッツへの攻撃が計画されていた5月15日の前夜にスキッテンに届いていた改修済みB Mk IVはわずか6機だったため、攻撃計画は放棄された。

FB XVIII「ツェツェ」の試作機として使用されたHJ732/G（「G」はこの機体が秘密兵器で常時立哨が義務づけられていることを示す）は当初、FB VI シリーズIとして製造された。6ポンド砲とも呼ばれる57mmモリンズ砲の砲身がブローニング0.303インチ（7.7mm）機銃4門の下に突出している。機銃はのちに、重量軽減のために半分に減らされ、より多くの燃料を搭載できるようにされた。「ツェツェ」は第618飛行隊（の特別分隊）だけが使用し、1943年から1944年に対潜攻撃、地上攻撃、艦船攻撃などを行った。
（BAe via GMS）

誇らしげにノルウェーの国旗をつけた、この少々くたびれたFB Ⅵは第333飛行隊のB小隊に所属し、1943年末にはバンフに基地を置いていた。機首のパネルが開けられ、兵装要員が0.303インチ機銃の銃弾を補給している。手前の地上には20mm機関砲弾が積み上げられている。
(via Cato Gunnfelt, Barum-Norway)

しかし、「ハイボール」の実験はそのまま継続され、第618飛行隊は今度は太平洋戦域へ派遣されることになった。そこでの任務はトラック環礁の日本艦隊に対してこのユニークな兵器を使用することになる予定だった。搭乗員たちが聞かされたのは、長距離の作戦になるため、空母から作戦しなければならないだろうという話だった！　「ハイボール」任務の搭乗員10組と写真偵察任務の搭乗員10組がバラクーダⅡを使用して空母で訓練を行っている。後者の任務は日本の艦船を発見することだった。そして10月31日に24機のB Mk Ⅳと3機のPR XVIが2隻の護衛空母で太平洋に向けて出航し、1944年12月23日にメルボルンに到着した。しかし、日本の艦船はすでに沈められてしまっており、この部隊は作戦を行うことなく、オーストラリアで戦争の残りを望見することになる。第618飛行隊は最終的にはヨーロッパ戦勝利の日に機体を残して、イングランドへの帰途につく。

オーストラリアに派遣されるよりも前、第618飛行隊は5組の搭乗員をプレダナック基地のボーファイター MkXを装備する第248飛行隊に、Mk XVIII「ツェツェ」・モスキートに搭乗させるために派遣していた。「ツェツェ」と呼ばれたのは、標準装備の20mm機関砲4門の代わりに57mmモリンズ自動装弾砲を機首に搭載していたからである。この兵器は浮上しているUボートに対して使用することが主目的であり、煙弾（弾道確認用）をかぶせた6ポンド（2.7kg）被甲高性能炸薬弾がアーチ型の24発入り弾倉から装弾された。弾倉はほぼ機体中央に縦に配置され、砲尾ブロックに直接、砲弾を差し込んだ。砲尾ブロックは搭乗員の後方にあり、砲身はコクピットの床下を通って、砲口は機首のフェアリングから突き出していた。0.303インチ（7.7mm）機銃2門（あるいは4門）は機銃掃射と空戦のために残された。57mm砲と機銃の両方を同一の反射式照準器で照準し、両方の発射ボタンとも操縦桿にあった。モリンズ砲の初速は2950フィート（885m）／秒で、理想的な射撃開始距離は1800〜1500ヤード（1620〜1350m）だった。

「ツェツェ」の初陣は1943年10月24日で、C・ローズ少佐（DFC,DFM）とカウリー軍曹、そしてカナダ空軍のA・ボネット中尉とMcD "ピクルズ"・マクニコル少尉が搭乗する2機のMkXVIIIが哨戒を行った。ローズ少佐／カウリー軍曹のペアは11月4日に失われた。ビスケー湾でトロール船を攻撃した際に海に墜落したのである。ローズ少佐は砲弾2発を発射したのだが、防御砲火

が命中したか自らが発射した砲弾の跳弾が当たったのだ。
　フランス大西洋岸のブレスト、ロリアン、サン・ナゼール、ラ・ロシェル、ボルドーにあるUボート基地へ続く、機雷が掃海された水路は絶好の「狩り場」だった。なぜなら、攻撃を受けた場合、Uボートが急速潜行するには水深が浅すぎたのである。11月7日、アル・ボネット中尉はU-123に命中弾を与えた。U-123は浮上航行してブレストに帰投する途中だった。最初の急降下後にボネット機の機関砲は弾詰まりを起こしたので、彼はUボートを機銃掃射した。MkXVIII型で攻撃を行う際には5000フィート（1500m）から30度の角度で急降下し、旋回傾斜計の針はど真ん中にしておく必要があった。少しでも滑るとモリンズ砲が弾詰まりを起こしたからである。この攻撃の結果、Uボートには護衛の艦艇が付けられることになった。
　1944年1月1日には第248飛行隊のモスキート機種改変小隊は16機の「ツェツェ」と4機のFB VIを保有しており、2月16日にポートリースへ移動した。そのわずか4日後にはビスケー湾で最初の敵機迎撃と対艦船哨戒を行っている。
　3月10日、4機のFB VIが2機のMkXVIIIを護衛してスペインの海岸沿いの町ヒホンから約30マイル（48km）北の海域に出撃し、約10機のJu88と格闘戦になった。Ju88は4隻の駆逐艦と1隻のUボートからなる船団の上空掩護の

第235飛行隊の「LA-V」ともう1機のFB VIを3機目のモスキートから撮影した写真である。ノルウェーに向かう高度は海上50フィート（15m）で、（昼夜を問わず）それが通常の高度だった。ジョージ・ロード大尉がパイロットを務めた「V」は、この作戦中ずっと尾輪が下がったままだった。（GAB Lord）

第248飛行隊のFB VI LR347/「トミーのT」はスタンリー・G・ナン大尉とJ・M・カーリン中尉が搭乗して、1944年6月10日、ウェサン沖でVIIIC型Uボート、U-821の攻撃に使用した。その後、ウルリッヒ・クナクフス中尉が艦長のUボートは第206飛行隊のリベレーター EV943/Kに撃沈された。1944年7月16日「トミーのT」は対空砲で損傷を受け、左エンジンが停止した状態でポートリースに胴体着陸した。機体はきっちりと修理され、第8実戦訓練部隊で使用された。（RW Simmons via Andy Thomas）

1944年9月14日、第235飛行隊と第248飛行隊はスコットランドに移動して、ノルウェー沖で敵艦船に対する攻撃を行うためにバンフ攻撃航空団に加わった。同月28日、Mk III A テーパー付きレール（長い2本の銅製チューブを溶接したもの）と砂漠で戦車狩りに使用された60ポンド（27kg）半徹甲弾頭付きロケット弾8発を搭載するように改修された。しかし、この弾頭は船の舷側を貫通しなかったので、すぐに25ポンド（11.3kg）徹甲弾頭に交換された。モスキートは1944年10月26日にロケット弾を初使用している。

1944年9月19日、モスキートはアスケヴォルフィヨルドで「リンクス」と「トリエルフィヨルド」を撃沈した。この写真では第235飛行隊のモスキートがそのうちの1隻に攻撃を行っている。同じ戦術を使って、10月21日には第235飛行隊と第248飛行隊のFB VI 6機（指揮は第248飛行隊のマックス・ゲージ少佐 DSO,DFC）が第333飛行隊の先導でロケット弾装備のボーファイター15機とともに攻撃を行い、1923トンの「エッケンハイム」と1423トンの「フェスタ」をハウゲスン沖で撃沈した。引き替えにFB VI 1機が失われた。(GAB Lord)

ために出撃していたのだ。2機のJu88がFB VIによって撃墜される一方、「ツェツェ」は船団を攻撃した。フィリップス少佐はUボートに対して4回の攻撃を敢行し、ターナー中尉は2回攻撃を行った。彼らは駆逐艦1隻に損傷を与え、さらにフィリップス少佐はモリンズ砲の砲弾4発でJu88、1機を撃墜した。[*9]

3月25日、ビスケー湾のヤン島周辺海域で2機の「ツェツェ」（MM425/L、ダグ・ターナー中尉とデス・カーティス中尉搭乗、およびHX903/I、A・H・ヒラード中尉とJ・ホイル准尉が搭乗）がU-976を撃沈した。U-976は二度目の戦闘航海の途中で呼び戻されて駆逐艦1隻と掃海艇2隻とともにサン・ナゼールに帰投する途中だった。護衛艦艇は4機のFB VI（L・S・ドブソン大尉が指揮）によって攻撃を受けたが、その対空砲火は激しかった。ターナー中尉がU-967に4回攻撃を行い、ヒラード中尉が1回攻撃を行うと、同艦は海面に没し、長さ100ヤード（90m）幅30ヤード（27m）の油膜を海面に残した。生存者は護衛していた掃海艇によって救助された。

兵装要員が第143飛行隊のFB VI PZ438に25ポンド（11.3kg）弾頭付きロケット弾を搭載している。艦船攻撃を行う場合、パイロットは通常、高度約2000フィート（600m）から45度で降下を開始し、1500～1000フィート（450～300m）で機銃の射撃を開始し、ついで機関砲の射撃を行い、最後に約500フィート（150m）でロケット弾を発射した。PZ438は1944年10月に第143飛行隊に配備され、1945年1月15日のカルムイ=マルステイン攻撃で失われた6機のモスキートの1機となった。ボムロに近いラルヴィークでFw190部隊に撃墜されたのである。
(Charles E Brown)

その2日後、同じ海域でこの2機の「ツェツェ」の搭乗員は第248飛行隊の6機のFB VI（指揮はJ・H・B・ローレット大尉）に掩護されながらU-769とU-960を攻撃した。両艦はラ・パリスに向かっていた。Uボートを護衛していた4隻のM級掃海艇と2隻の封鎖突破船（Sperrbrechers：対空砲船に改造された商船）によって猛烈な対空砲の弾幕が張られた。ヒラードのモスキートは機首に37mm砲弾1発を受けたが、幸いにも計器板の下の装甲板が衝撃を和らげ、搭乗員は無事にポートリースに帰還した。L・A・コンプトン曹長（LR363/Xに搭乗）が帰還の際、不時着している。U-960はこの攻撃で大きな損傷を受け、ラ・パリスで修理を受けるためにヨロヨロと航海を続けた。この1年後、同艦は地中海でアメリカ海軍の駆逐艦と、ウェリントン数機およ

第235飛行隊のFB VIが25ポンド（11.3kg）弾頭付きロケット弾と機関砲4門を夜間の試射場で海に向かって試射する劇的な写真である。ロケット弾は命中時にある程度広がったパターンを形成するように設定されていた。つまり、正しい距離、速度、降下角で発射すると4発は喫水線の上に命中し、残りはそれより少し下の喫水線下に命中するようになっていた。弾頭は船体に突入すると、船体の反対側に18インチ（45.7cm）の穴を開け、海水を流入させた。無煙火薬の推進装置は船内で燃焼して、船内の燃料や弾薬に引火した。第235飛行隊のロケット弾使用初は1945年2月21日だった。(GAB Lord)

このFB VIは機関砲4門、機銃4門、ロケット弾8発で完全武装の状態である(25ポンドロケット弾の後部から豚の尻尾のようなナイファン社製プラグ付き発射用電気コードが垂れ下がっている。これはエンジンが始動されるまで、接続されなかった)。ロケット弾のレールは正しい降下速度のときの気流と平行になるように設定する必要があった。もしそうでない場合、ロケット弾は気流の方向に向かってしまい、目標の手前か奥に行ってしまった。これはパイロットが降下速度を誤った場合にも起きた。(via GMS)

びヴェンチュラ1機の連携で撃沈されることになる。[*10]

　4月11日、第248飛行隊と第151飛行隊の9機のFB VIが4隻の護衛艦船と1ダースほどのJu88の相手をするなか、B・C・ロバーツ大尉が操縦する「ツェツェ」が1隻のUボートを攻撃した。ロバーツ大尉はモリンズ砲で射撃を行い、船体の近くに飛沫が上がるのが見えたが、確実に命中したとは申告できなかった。対空砲火はまたしても猛烈で、2機のFB VIが撃墜されたが、Ju88、2機の撃墜が報じられた。ポートリースに不時着により3機目のモスキートが失われた。[*11]

　5月になると「ツェツェ」はUボートに加えて水上艦艇への攻撃も行うようになり、木製甲板を貫通するために徹甲弾を使用した。そして、高度500フィート(150m)からシャロー・ダイヴで攻撃を行うロケット弾装備のボーファイターと協同して作戦するようになった。Dデイには、第248飛行隊はノルマンディ、ブルターニュ、ビスケー湾岸において艦船攻撃、上空掩護、海上封鎖任務を行った。6月7日、ダグ・ターナー中尉(DFC)とデス・カーティス中尉(DFC)、およびカナダ空軍アル・ボネット中尉と"ピクルズ"・マクニコル中尉が搭乗する2機の「ツェツェ」は浮上中のUボートを攻撃した。U-212に対して12発の57mm砲弾が発射されたが、ボネット中尉は2回目の攻撃で機関砲が弾詰まりを起こしたため、Uボートに対して攻撃のふりを繰り返さざるをえなかった。Uボートは海面に油膜と乗組員ひとりを残して急速潜行した。U-212はなんとかサン・ナゼールにたどり着いて修理されたが、それから間もない7月にイギリス海軍のフリゲートに撃沈された。ターナー中尉のモスキートは左の主翼とエンジンナセルに対空砲の命中弾を受けたが、彼とボネット中尉の両機はコーンウォールに帰還した。

　ボネット中尉とマクニコル中尉は6月9日に戦死した。トニー・フィリップス中佐(DSO,DFC)(当時、第248飛行隊の指揮官)の乗機が彼らのモスキートと空中衝突したのだ。イギリス海峡でドイツ海軍駆逐艦の生存者を捜索したのちに着陸進入中のことだった。フィリップス少佐機は翼端から6フィート(1.8m)を失ったが無事に着陸した。しかし、彼と航法士のR・W・"トミー"・トンプソン中尉(DFC)も7月4日、ブレスト半島沖で攻撃中に戦死することとなる。

　6月10日、第248飛行隊の4機のモスキート(LR347/Tに搭乗のS・G・ナン大尉とJ・M・カーリン中尉が指揮)はウェサン島の沖でU-821を攻撃した。

その攻撃は猛烈で、乗組員は同艦を放棄した。その後、U-821は第206飛行隊のリベレーターによって沈められた。同日午後、2機の「ツェツェ」と4機のFB VIによって行われた再度の攻撃の際に、第248飛行隊のE・H・ジェフリーズ大尉(DFC)とD・A・バーデン中尉がU-821の生存者を運んでいた発動機艇によって撃墜された。その発動機艇もモリンズ砲によってただちに撃沈された。

5月から6月にかけて、ノルウェー人部隊の第333飛行隊もUボート攻撃に

第143飛行隊のFB VI RS625/NE-Dに装着されているのは、2段式のロケット弾レールMk I Bである。これは1945年3月初めに導入され、エンジンナセルとロケット弾レールの間に100ガロン(454.5リッター)・ドロップタンクを装備することを可能にした。ノルウェーのフィヨルドの限定された空間で作戦する場合、パイロットが攻撃目標を狙うチャンスが一度しかないことも多く、彼らはしばしば、ロケット弾8発を一度に斉射した。(BAe via GMS)

第143飛行隊のFB VI HR405/NE-Aがスコットランド沖でバンクを打って、チャールズ・ブラウンのカメラから遠ざかる。ロケット弾レールと下面の細部がよく分かる写真である。この機体は戦争を生き延びたのち、1946年11月に廃棄処分となった。(via Phil Jarrett)

1945年3月23日、サンスハウンで商船が襲来した第143飛行隊のFB VIの攻撃にさらされている。
(via Phil Jarrett)

参加するようになった。5月26日、J・M・ヤコブセン大尉とフムレン中尉（HR262/N）およびハンス・エンゲルブリートセン大尉とオッド・ヨナセン大尉はノルウェー沖でU-958を攻撃して損傷を与えている。なお、ヨナセンは6月11日に戦死する。彼とエンゲルブリートセンは誤認したスピットファイアに撃墜されたのである。その3日後、アーリン・ヨハンセン大尉とローリッツ・フムレン少尉（HP864/H）は再びノルウェー沖でU-290を攻撃して損傷を与え、同艦を8月まで戦闘不能にした。6月16日、ヨハンセンとフムレンはノルウェー沖で浮上しているU-998を発見し、機関砲を浴びせて攻撃を行った。高度100フィート（30m）から爆雷2発も投下し、これがUボートに大きな損傷を与えたために、同艦は同月末にベルゲン港で除籍処分となった。

同日のその後の哨戒でヤコブ・M・ヤコブセン大尉とペール・ハンセン少尉はU-804を発見して攻撃し、同艦も大きな損傷を受けたために修理のためにベルゲン港に向かわざるをえなかった。その後の1945年4月9日、同艦はバンフ航空団のモスキートの餌食となる。

6月23日、レスリー・ダウティ曹長とR・グライム曹長はウェサン島とロリアンの間の哨戒に出撃した第248飛行隊の6組の搭乗員の1組だった。しかし、天候の光線の状態が悪く、ほかの機からはぐれてしまった。それでも、ダウティ曹長は怯むことなく飛行を続けて、護衛船団とU-155を発見した。U-155は9回

1945年3月30日、第235飛行隊指揮官、A・H・シモンズ中佐は32機のロケット弾装備のモスキートを率いて（さらに8機が護衛として出撃）、ボルイェスタート（ポルスグルン＝シーエン港）で4隻の商船を攻撃した。立ち上る煙（写真中央）はビル・ノールズ大尉とL・トーマス曹長のモスキートが電線に衝突して墜落した位置を示している。商船3隻が撃沈され、4隻目も大きな損傷を受けた。さらに、メンスタート埠頭の大量の化学製品を保管していた倉庫も破壊された。
(via Alan Sanderson)

目の戦闘航海を終えてまさにロリアンに入港しようとしているところだった。彼らは機関砲と機銃で攻撃を行い、高度50フィート（15m）から爆雷も投下した。この攻撃によってダウティは准尉に進級し、DFMを授与された。U-155はこの攻撃で大きな損傷を受けて、9月まで戦列を離脱したのち、同月ノルウェーに向けて出航した。

　この24時間前、主翼に搭載された25ポンド（11.3kg）MkXI型爆雷とAVIII型機雷がモスキートによって実戦で初使用された。ポートリースを基地とする第235飛行隊もまた、この時に初めてFB VIによる作戦を行っている。同飛行隊のボーファイターでの最後の作戦は6月27日だった。モスキートFB MkVIはボーファイターの掩護を行ったほか、連合軍艦船攻撃用にHs293滑空爆弾を搭載したDo217に対する迎撃も行っている。

1945年4月2日、ノルウェーのサンデフィヨルド港で商船を攻撃する第143飛行隊のFB VI/NE-Aである。
(via Phil Jarrett)

FB XVIII「ツェツェ」PZ467は戦闘では使用されず、パタクセントリバーでアメリカ海軍による評価を受けるため、1945年4月9日にアメリカに送られた。
(DH via Phil Jarrett)

■ バンフ攻撃航空団
BANFF Strike Wing

　1944年9月初め、第235飛行隊と第248飛行隊はスコットランドに移動してノルウェー沖の敵艦船に対する攻撃を開始し、第333「ノルウェー」飛行隊、ボーファイター装備の第

144飛行隊およびカナダ空軍第404飛行隊とともにバンフ攻撃航空団を構成した。バンフ航空団は9月14日に最初の攻撃作戦を行い、この時には22機のFB VI、4機の「ツェツェ」そして19機のボーファイターが出撃して対空砲船1隻と商船1隻を撃沈した。9月28日、モスキートは改修を受けて主翼下のレールにロケット弾8発を搭載するようになった。

当初は60ポンド(27kg)半徹甲弾頭付きロケット弾が使用されたが、これらは船体を貫通せず船体構造にほとんど損傷を与えられなかった。そのため、すみやかに25ポンド(11.3kg)徹甲弾頭付きロケット弾に取って代わられた。艦船を攻撃する際、モスキートは通常、高度約2000フィート(600m)から降下角およそ45度で急降下を開始して1500〜1000フィート(450〜300m)で機銃の射撃を開始し、ついで機関砲を射撃し、最後に約500フィート(150m)でロケット弾を発射した。ロケット弾は船体に突入すると、船体の反対側に18インチの穴を開けて海水をなだれ込ませる一方、無煙火薬の推進装置は船内で燃焼して、船内の燃料や弾薬に引火した。モスキートがロケット弾を初使用したのは10月26日である。

ボーファイター装備の2個飛行隊は第455飛行隊および第489飛行隊とともにダラシー航空団を編成するために9月24日にバンフを去り、その穴は第143飛行隊によって埋められた。この飛行隊はボーファイターからモスキートFB VIに機種改変するためにノースコーツから移動してきたのだ。この部隊が新しい機種で最初の作戦を行うのは11月7日のことである。その6日後、バンフ航空団とダラシー航空団は初の協同作戦を行った。11月21日には、それまでで最大規模の作戦が行われ、モスキート33機、ボーファイター42機およびマスタング12機がオーレスンでの艦船攻撃に参加した。さらに8日後の11月29日には、ウッドコック中尉がUボート1隻に対してリスタ沖において急降下攻撃を行い、57㎜砲弾8発を発射して2発を命中させ、ほかの数機のFB VIも爆雷と機関砲で攻撃を行った。

12月には数回にわたって敵戦闘機と渡り合い、12月7日だけでFB VI、2機、マスタング1機、ボーファイター1機の損失で7機撃墜を報じた。[*12]同じ頃、エイドスフィヨルド、クロークヘレッスン、そしてラルヴィク港で商船攻撃が行われ、4機のモスキートが失われた。同時に、エイドスフィヨルド、クロークヘレッスン、そしてラルヴィーク港の商船に対して攻

1945年5月2日、A・G・デック少佐に率いられた27機のモスキートはU-2359を撃沈し、もう1隻のUボートに損傷を与えた。この写真は第143飛行隊のFB VIがカテガット海峡でUボートに攻撃を行う様子を捉えている。(GAB Lord)

これも1945年5月2日にカテガット海峡でUボートに攻撃を行う第143飛行隊を撮影した写真である。この写真では、第143飛行隊のFB VI NE-Lが機銃掃射を行っている。(via Alan Sanderson)

撃が行われ、モスキート4機が失われている。1945年1月、バンフ航空団はラルヴィーク港にさらなる攻撃を行い、繋留されていた3隻を炎上させ、1隻を沈めたが、モスキートの損失も拡大した。この港への二度目の攻撃である1月15日の攻撃では5機のFB VIが失われ、その中には第143飛行隊指揮官、ジャン・モーリス中佐（マックス・ゲージの使った偽名。DSO,DFC,フランス戦功賞受章者）[*13]の乗機も含まれていた。編隊がドイツ第5戦闘航空団第Ⅲ飛行隊のFw190、30機に上から襲われたのである。この戦いでドイツ空軍も戦闘機5機を失っている。この作戦ののち、第248飛行隊はノースコーツへと配置換えになった。

第248飛行隊のFB VI DM-Sを撮影した珍しい写真。水平線近くにはバンフ航空団のモスキートの大編隊がかろうじて見えている。(via Andy Bird)

1945年3月になるとバンフ航空団のモスキートには2段になったMk I Bロケット弾発射レールを装備するものが現れた。この装備により、ロケット弾8発を搭載した上で、50ガロン(227.3リッター)もしくは100ガロン(454.5リッター)の長距離飛行用ドロップタンクを装備して、より長距離の作戦活動を行うことができた。なお、この頃にはモスキートはボーファイターとは独立して作戦を行うようになっていた。3月7日、44機のモスキートは12機のマスタングに掩護されてカテガット海峡で8隻の自走式はしけを機関銃、機関砲そしてロケット弾で攻撃した。2機のFB VIが攻撃直後に空中衝突して帰還しなかった。同月にはスカゲラク海峡、カテガット海峡、そしてサンスハヴン、ダルスフィヨルド、オーレスン、ポルスグルン―シーエンなどの港において繰り返し艦船攻撃が行われた。3月24日にはカナダ空軍第404飛行隊がボーファイターからFB VIへの機種改変を開始している。

4月には、バンフ航空団はノルウェー近海で敵に大損害を与えた。4月5日、37機のモスキートは、第333飛行隊の2機を先導にして、アンホルト島の南3マイル(4.8km)のカテガット海峡において内燃機船とその護衛艦艇の5隻からなる船団を襲ったのだ。モスキートが去る頃にはすべての艦船が炎上して沈没し始めており、ドイツ兵約900人が戦死したと推定された。1機のモスキートは船のマストに衝突して、攻撃目標から100ヤード(90m)ほど離れた海に突っ込んでいる。R・K・ハリントン少尉とA・E・ウィンウッド曹長が搭乗する第235飛行隊のRS619/LA-Fはユトランド半島西部を飛行中の1750時にグリコール漏れを起こしているのを目撃され、平地に不時着せざるをえなかった。じつは、この作戦でLA-Fが地面に触れた2回目だった。ユトランド西部のニイオービン・モース港で艦船からの対空砲火を回避している前方の機のプロペラ後流に入り込んだために時速280ノット(520km/h)でデンマークの大地をかすっていたのだ。

ふたりの搭乗員は操縦席上のハッチから脱出すると、両方のプロペラは緩やかに曲がり、左のエンジンナセルからはまだグリコールが滴っていた。機体は時速140ノット(260km/h)でフラップなしの着陸で接地していたのだ。彼らは勇敢なデンマーク人によって救助され、多くの冒険ののち、同月末、安全にスウェーデンへと送り届けられた。

さて、4月9日には第248、第143、第235飛行隊のモスキート34機（指揮

はH・H・ガニス少佐）はカテガット海峡においてキールからホルテンへと浮上航行中のUボート3隻と出くわした。最初の攻撃でU-804とU-1065が機関砲とロケット弾70発により撃沈されたが、1隻のUボートが爆発した際に写真偵察型モスキート1機が道連れとなった。そしてその直後、U-843が第235飛行隊のA・J・ランデル中尉とR・R・ローリンズ中尉のロケット弾と機関砲、機関銃による反復攻撃で撃沈された。

　4月19日、同じくカテガット海峡でA・H・シモンズ中佐率いるバンフ航空団のモスキート22機の攻撃を受けて、U-251が撃沈され、ほかに2隻が損傷を受けた。その2日後、第235、第248、第143、第333飛行隊のFB VI、42機（指揮は第143飛行隊指揮官、フォクスリー＝ノリス中佐）はスコットランド沖約150マイル（240km）でドイツ第26爆撃航空団のJu88AおよびJu188A-3雷撃機9機を撃墜している。4月22日にはカナダ空軍第404「バッファロー」飛行隊がバンフからモスキートでの最初の出撃を行い、繋留されていたBv138飛行艇1機を沈めている。

　5月2日、A・G・デック少佐が率いる27機のモスキートはカテガット海峡でU-2359を撃沈し、別の艦艇1隻に損傷を与えた。5月4日には第143、第235、第248、第333、第404飛行隊のモスキート48機が大戦で最後となる大規模な艦船攻撃を行ったが、ソーバーン大尉（DFC）の乗機は帰還しなかった。

訳注
*8：「サーバント」は「召使い」の意。
*9：本シリーズVol.14『メッサーシュミットBf110のエース』におけるJu88駆逐機についての記述を参照。また、Chris Goss著 "Bloody Biscay" (Crecy, 1997)によればこの日ZG1が失ったJu88は2機、そのうち248Sqnによると思われるものは1機。
*10：U-960が撃沈されたのは1944年5月19日、U-769は就役していない。デヴィッド・ミラー著『Uボート総覧』（大日本絵画刊）、および『世界の艦船』No.471を参照。
*11：Chris Goss著 "Bloody Biscay"によればこの日ZG1はモスキートを相手に二度の空戦を行っている。7機のJu88を失い、モスキート7機の撃墜を報じるが、実際のモスキートの損失は第248飛行隊と第151飛行隊合わせて二度の空戦合計で被撃墜3機、不時着2機である。
*12：掩護していたマスタングは第315「ポーランド」飛行隊所属。ポーランド人部隊については本シリーズVol.10『第二次大戦のポーランド人戦闘機エース』を参照されたい。
*13：ヴィシー政権下のフランス領アフリカを脱出して自由フランス空軍に参加したフランス人。偽名はヴィシー政権下に残した家族の身の安全のためだった。

第254飛行隊の「QM」というコードレターを描いたFB XVIII「ツェツェ」PZ468である。1945年6月のノースコーツでの撮影。4月12日、5機のFB XVIII「ツェツェ」が第248飛行隊からノースコーツのボーファイター部隊へ派遣され、PZ468もその1機だった。これらはおもにオランダ沖で小型潜水艦とUボートに対する攻撃に使用された。4月18日、2機の「ツェツェ」は浮上している5隻のUボートを発見し、それらが急速潜行する前に各機は1発だけ砲弾を発射した。PZ468は1946年11月25日に廃棄処分となり、部品取りに使われた。(RAF Museum via GMS)

chapter **6**

ビルマのブリッジ・バスターズ
The BURMA 'BRIDGE BUSTERS'

　第二次世界大戦で、大きな成果を収めたモスキートの偵察作戦のいくつかはインドおよび極東戦域に基地を置いた機体が行ったのだが、デ・ハヴィランド社の双発機は気象条件によって引き起こされた問題に大いに苦しみ、多くの戦闘爆撃機部隊は実際のところ、ボーファイターを好んだ。

　極東戦域に到達した最初のモスキート6機（MkⅡ、3機とMkⅥ、3機すなわちHJ730、HJ759、HJ760）は1943年4月〜5月にインドに送られた。これらはこの戦域の飛行隊に配備される最初のモスキートとして、アガルタラの第27飛行隊に割り当てられた。MkⅡ型は通常の生産型で実戦試験と慣熟用とのみを目的としていたが、FB Ⅵ型はホルムアルデヒド接着剤を使用して組み立てるという防護措置が取られた上での派遣だった。これらの機体は来る雨期の間、インドにおけるデ・ハヴィランド社の技術部門代表、F・G・マイヤーズ氏の監督下に気象条件に対する試験に使用される予定だった。しかし、これらの機体は試験用だったにもかかわらず、敵地侵入任務において第27飛行隊のボーファイターを加勢することが決定された。わずかな回数の出撃を行い、MkⅡの1機が墜落して失われたのち、残存するモスキート5機は写真偵察用に改造されてカルカッタのダムダム基地の第681飛行隊に引き渡された。

　その2カ月後、インドのイエランカ基地のボーファイターMkⅩ装備の第47飛行隊がFB Ⅵ数機を受領し始めた。「空飛ぶ象〔フライング・エレファンツ〕」飛行隊のモスキートによる最初の出撃はクリスマスに行われ、年が暮れるまでに1個小隊がモスキー

1943年末、インドの第27飛行隊に向かう途中のFB ⅥシリーズⅠ HJ770である。塗装はヨーロッパ戦線の標準的なダークグリーン／ミディアムシーグレーの迷彩で、スカイのスピナーと胴体帯という昼間戦闘機のマーキングをしている。シリアル番号の上の「SNAKE」という言葉（1943年5月1日に導入）は、極東戦域に向かう途上にほかの飛行隊に転用されてはならないことを、（とくに地中海の）各部隊に示唆していた。この写真の機体は飛行中の事故が多発したのちに第142修理整備部隊に送られたのだが、地上で全損となった。1944年5月、熱帯性暴風雨のためにアガルタラの格納庫の屋根がその上に崩れ落ちたためである。(via Geoff Thomas)

1944年初め、雨期の雨のあとにタキシングする第27飛行隊のFB VI HJ811である。ほかの多くのシリーズIの機体と同様に、この機体もダークグリーン／オーシャングレーの迷彩にミディアムシーグレーの下面、スカイの昼間戦闘機マーキングという塗装で戦線に届いた。その後、戦闘爆撃機型のモスキートは、より相応しい温帯地方迷彩に再塗装された。HJ811は第45飛行隊に配備されていた1944年5月1日に、不時着して全損になった。着陸進入時に片方のエンジンが停止したためだった。
（via Tom Cushing）

ビルマでは、モスキートは多くの橋梁破壊作戦を行っている。1944年12月19日、B・ウォルシュ准尉とH・オーズボーン准尉は第45飛行隊のHR462/Jに搭乗してサイ＝キヌ鉄道を500ポンド（227kg）爆弾で爆撃し、その24時間後にはアロン鉄道橋を攻撃して、破壊に成功した。このような低空攻撃は何百マイルもの荒涼とした土地を飛行して、しばしば激しい対空砲や小火器の射撃に直面しながら敢行された。
（Author's Collection）

ト FB VIに機種改変した。しかし1944年2月までに、この飛行隊は再び全機がボーファイターという状態に戻った。その前月、イギリス空軍省はヴァルティー・ヴェンジャンスとボーファイターの一部を機種改変して、爆撃任務および攻撃任務の22個飛行隊にモスキートを装備することを決定していた。また、デ・ハヴィランド社は戦域内のカラチで修理交換用に機体部品を生産する契約を受けた。第45飛行隊はバンガロールに近いイエランカで1944年2月にモスキートへの機種改変を無事終え、モスキートFB VIを受領した最初のヴェンジャンス急降下爆撃機装備の部隊となった。

そして、この頃から一連のモスキート墜落事故が起こり、インドにおけるこのモスキートの前途に大きな疑念が投げかけられることになったのである。1944年5月13日、第45飛行隊指揮官でオーストラリア空軍ハーレー・C・ス

1945年春、ビルマで撮影された第47飛行隊の銀色のモスキートである。この部隊は1944年10月にインドのイエランカ基地でボーファイターからFB VIへの機種改変を開始したが、構造上の問題のためにモスキートでの作戦を行わず、年末までにボーファイターが復帰した。1945年2月に再度、モスキートへの機種改変が行われたが、熱帯での木製機の問題は続いており、5月から8月にかけてこの部隊は作戦できなかった。(Andy Thomas)

タム中佐（DFC）とその航法士、オーストラリア空軍マクカラッチャー大尉がアマーダ・ロードで攻撃訓練中に乗機のB XXV型（HP939）が分解し死亡した。1944年7月4日には、コラールに基地を置く第82飛行隊とクエッタの第84飛行隊がヴェンジャンスからモスキートFB VIに機種改変を開始した（両基地ともインド領内[*14]）。両飛行隊は順に西ベンガルのランチ、ついでアッサムのクムヒールガムへ移動した。雨期の激しい雨のため9月中旬までまったく出撃できなかったのだが、9月13日はW・C・タップロール中尉とV・A・ボール曹長が別の機に模擬攻撃を実施中に乗機のFB VIが墜落して死亡した。接着剤の欠陥で翼か尾部が脱落したためだと考えられた。

第45飛行隊は10月1日に最初のモスキートによる出撃を行い、一方、第47飛行隊はその6日後にイエランカに移動してボーファイターからモスキートFB VIへの機種転換を開始した。第110飛行隊が3週間後にそれに続いた。しかし、構造上の問題に祟られたため、第47飛行隊はモスキートでは一度も出撃を行わないことになる。10月4日、第45飛行隊のFB VI HX821（オーストラリア空軍ノーマン・L・バーク少佐とオーストラリア空軍キース・デューマス中尉が搭乗）の主翼前縁が飛行中に曲がり、当然、機体は第143修理整備部隊に調査のために引き渡された。そして10月10日、高度8000フィート（2400m）で主翼が実際に分解し、モスキートはビシェンプール近くにきりもみで墜落して搭乗員は死亡した。その後の調査で、衝撃を受けた部分に血

第211飛行隊がFB VIに機種改変した1カ月後の、1945年7月初めにイエランカ基地で撮影された同飛行隊のFB VI、RF711/AとRF765/Sである。第211飛行隊は9月にドン・ムアン基地に移動したが、モスキートで作戦を行うことはなかった。RF711は片方のエンジンが故障したのち、ドン・ムアン基地を周回中に不時着した。一方、RF765は事故では失われず、廃棄処分になるまで生き延びた。
(via Andy Thomas)

1945年3月15日、爆弾倉がまだ開いている第45飛行隊の銀色のFB VIがイェナンジェン油田の目標を離脱する。約24機のモスキートがこの作戦に参加した。第82飛行隊のFB VI、12機が最初に突入し高度12000フィート（3600m）からシャロー・ダイヴで攻撃を行い、ほとんど直後に第45飛行隊のもう12機が、横一列で木々の梢ほどの高さを全速で飛行して目標に進入し、攻撃を行った。(写真奥の川岸の木々の上に、かろうじてFB VI、3機が見えている)モスキートは各機が11秒遅延信管付き500ポンド（227kg）爆弾を搭載していた。対空砲火と攻撃で吹き飛んだ破片（40ガロン・ドラム缶や丸太などもあった）のために第45飛行隊のFB VI 1機が損傷し、シンテに作られたばかりにP-47の飛行場に爆弾を抱えたまま不時着し、大きな被害を与えた。5日後、モスキートが再びイェナンジェンを攻撃した時には、高々度から爆撃したのだった！ (via Geoff Thomas)

と羽根が付着していることが分かり、大きなトビが合板製の外皮を突き破り、主翼主桁を接着不良箇所で分解させたことが推測された。なお、バーク少佐とデューマス中尉は10月16日にカドゼイクにおいて機銃掃射攻撃を行った際に戦死している。

　10月20日、さらに2機のモスキートが墜落した。第82飛行隊のFB VI HP919はランダム射爆演習場で爆撃訓練中に右主翼の半分が脱落し、第45飛行隊のHP921/Oはクムヒールガム基地へ着陸進入中に分解したのだ。

　その直後、第110飛行隊のモスキートFB VI、全14機は11月6日まで飛行停止となったが、これは時代遅れのヴェンジャンスが退役してわずか数週間後のことだった。第110飛行隊は1945年1月になってようやく、しかるべき代替の機体によって前線勤務に戻り、ラングーンへの最後の攻勢になんとか間に合った。1944年11月12日にはモスキート装備の全部隊に検査の間は飛行を禁止する命令が出されて、モスキートの作戦活動は停止してしまった。続発した事故の原因は接着剤の欠陥だと考えられていた。野外に駐機する機体の主翼内では「極度の高温のために接着剤にひびが入り、主翼上面が主桁から分離する」のだと信じられていたのだ。しかし、接着剤は問題の真の原因ではないということが、すぐに浮かび上がってきた。たとえば、HP919は「接着剤の量がまったく不充分」であり、とくに翼桁上面でそうだった。その上、この問題はインドに限定されたものではないことが明らかになっていく。

　モスキートが飛行停止になると、航法士たちは休暇で前線を離れ、パイロットたちはチッタゴンに近いコックスバザーで傷病兵輸送部隊に移されて、カラダンの速成飛行場からタイガーモスやセンティネルで英国連邦西アフリカ部隊（Royal West African troops）の傷病兵を運び出す任務を行なっ

た。第45飛行隊は12月1日から18日の間、検査のために飛行停止となり、12月19日に飛行可能と判定されて出撃を開始した。ベン・ウォルシュ准尉はこの時期に第45飛行隊に所属したパイロットでタイガーモスやセンチネルで偵察や傷病兵輸送任務を19回行なっていた。彼は以下のように回想する。

「12月19日、私の航法士のH・オーズボーン准尉と私はHR462/Jに500ポンド(227kg)爆弾2発を搭載してサイ=キヌ鉄道を攻撃し、20日にはアロンの鉄道橋を攻撃して破壊に成功しました。これらの低高度攻撃は荒涼とした土地で行われ、しばしば対空砲と小火器の激しい地上砲火に直面しながら敢行されました。メイクテーラ飛行場には23日の夜間出撃で緩降下しながら500ポンド爆弾4発を投下しました。この出撃ではその後、チンドウィンから北に向かって『ルーバーブ』[*15]を行いました。

「その2日後、同じ攻撃目標に再び行って、ウェットレットで機関車1両と貨車を20mm機関砲で掃射して穴だらけにしました。サゲインでは日本軍の対空砲火に遭いました。27日の夜にはカワトンの操車場を爆撃しました。29日、夜明けにメイクテーラ飛行場をモスキート6機で急降下爆撃しました。急降下爆撃するテクニックはというと、高度4000フィート(1200m)ぐらいで目標に進入し、1000フィート(300m)まで急降下しながら爆撃の照準をするのです。搭載する爆弾は500ポンド爆弾2発から4発で、瞬間作動信管付き爆弾を使うこともたびたびありました。その場合、ほとんど失敗は許されませんでした。私たちが飛行場を攻撃している間、ジャップはかなりの量の対空砲火を撃ち上げていました。その時の私はHR456/Mでした。その後、6機のオスカー(日本陸軍一式戦闘機「隼」)に迎撃され、続いて起きた混戦のなかで私は1機に対して機関砲と機銃の長い連射を撃ち込むことができたので、敵機を撃破したと思います。しかし、その確認は得られませんでした。というのも私はその攻撃に参加したモスキート6機の最後尾だったのです。モスキートは全機が無事に帰還しました。[*16]

「1945年1月3日以降、作戦活動は活発になりましたが、短時間の豪雨のた

オーストラリア空軍第94飛行隊のFB Mk40である。第94飛行隊は第二次世界大戦中にモスキートを受領した2番目のオーストラリア空軍指揮下の部隊で、1945年5月にニューサウスウェールズ州カースルレイで編成されたが、地元で生産された戦闘爆撃機を実戦で使用することはなかった。実際のところ、4カ月使用しただけだったのだ。それを極東戦域で実戦に使用したオーストラリア空軍の攻撃部隊は第1飛行隊だけで、同部隊は第1戦術航空軍の第86航空団に属していた。この部隊は1945年1月にクイーンズランド州キングロイでボーファイターを輸入されたFB VIに取り替えた。なお、その2カ月前にはアメリカ陸軍航空隊と現地のオーストラリア空軍にモスキートに慣れてもらうため、2機の分遣隊がモロタイ島に派遣されていた。この飛行隊が戦闘に全面的に参加するのは8月になってからで、最初の出撃はラブーアン島から8月7日に行った。その後、戦闘が終結する8月15日までに第1飛行隊はあらゆる種類の地上目標を攻撃して、延べ65回の出撃を行った。この写真のモスキートは1944年末からニューサウスウェールズ州ウィリアムタウンの第5実戦訓練部隊で使用されたのち、1948年3月にMk41に改修され、シリアル番号も「A52-321」につけ直された。そして、そのちょうど10年後に個人に売却された。(BAe via GMS)

この機体（A52-500）はコヴェントリーのスタンダード・モーターズ社で1944年末にHR502として生産された機体で、オーストラリアに輸出された最初の38機のFB VIの1機だった。これはオーストラリアの生産ラインで問題が起きて地元で生産されるモスキートが手に入らなかったため、オーストラリア空軍に直接引き渡され、第1飛行隊が機種改変するために使用された。本機は1945年8月にラブーアン島で離陸事故を起こして廃品処分となるまで、同部隊で使用された。(via Phil Jarrett)

めに天候がまったく飛行に適さないこともしばしばでした。ジャップの飛行場は、とくにメイクテーラは低高度からの爆撃や、機銃掃射、夜間哨戒の主要な目標でした。道路の交通や鉄道、橋にもしかるべき注意を払われていました。1月8日にはS・M・D・ネッシム准尉とともに出撃して、サゲインのジャップの兵隊の集結地を急降下爆撃しました。その4日後にはH・オーズボーン准尉と組んで『ルーバーブ』任務でチンドウィンへ向かい、そこからイラワジ川沿いにサゲインへ向かって、コニワの川沿いの日本軍地を爆撃しました。この月にはさらに10回の出撃をしました。トラックや鉄道施設、牛車やサンパンは全部爆撃し機銃掃射しました。16日にはメイクテーラに払暁攻撃を行い、イラワジーチャンク街道で『ルーバーブ』をやりました。ジャップの地上砲火が右のスピナーと右のラジエータ近くの主桁に命中して、外側の燃料タンクに損傷がありましたが、私たちは無事任務を完了しました。あとでHR409/Dを点検すると、損傷はたいしたことがないのが分かりました。

「1月18日にはコッコのジャップの司令部に4発の500ポンド（227kg）爆弾を命中させ、その翌晩にはサゲインとイェナジェンの間の河川の交通に猛烈に機銃掃射しました。23日にはヘホ飛行場かメイクテーラを爆撃する任務で夜間出撃をしましたが、天候が『さっぱり』だったので、私たちは代わりに瞬間作動信管付きの500ポンド爆弾5発でミンギャンを急降下爆撃しました。この長距離任務は完了するのに4時間と20分かかりました。26日にはポート・ダッフェーンの燃料集積所に昼間攻撃を行い、マンダレー街道でトラック3両を穴だらけにしました。その翌日は離陸時に、HR547/Hが油圧系

統の故障を起こしたので、出撃を中止しなければなりませんでした。29日、モスキート12機でミチンゲの橋に夜間攻撃が行われました。かなりの量の対空砲火が撃ち上げられ、その砲弾の炸裂は不安になるほど機体の近くでした。31日はイワボップのジャップの物資集積所を爆撃し、イラワジーミンギャン―マグエを結ぶ街道と鉄道の交通を攻撃しました。出撃のこの段階でモッシーの胴体にジャップの対空砲が少しばかり命中しました」

　一方、その同じ頃、インドでの事故の影響はさらに広がっていた。1945年1月1日にロンドンの空軍省で開かれた会合でヘリウォード・デ・ハヴィランド少佐がモスキートの欠陥について説明を行った。彼はインドでの調査チームを指揮していた。接着剤が問題になっていたにもかかわらず、空軍省は少佐の事故の原因は「大部分は天候のために発生した損傷」、あるいは「操縦ミス」という主張を信じようとした。インドでは、カゼイン接着剤の使用による外皮の欠陥が発見されたモスキートは即座に廃棄処分となる一方で、さらなる損失を防ぐために残存機に対しては予防措置が取られた。主桁の結合部に点検パネルが付け加えられ、主翼内の温度を約15度下げるよう、すべての機体が迷彩塗装を剥がされて銀色で再塗装された。

　しかし、迷彩塗装がないためモスキートはかなり目立つようになり、低高度爆撃任務ではとくにそうだった。ボーファイター装備の飛行隊の機種改変はゆっくり進み、1945年2月にはバイガチの第89飛行隊がFB VIへの機種転換を開始したが、そのモスキートは実戦で使われることはなかった。イェランカに基地を置く第211飛行隊は1945年6月にFB VIへの転換を開始し、9月にドン・ムアンに移動したが、この部隊もモスキートを実戦では使用しなかった。第84飛行隊も1945年3月にFB VIへの機種転換を完了していたにもかかわらず、日本軍に対してモスキートで出撃することはなかった。

　他方、第45飛行隊はFB VIで過酷なスケジュールの作戦を続けていた。ベン・ウォルシュ准尉は以下のように回想する。

「2月10日、陸軍を支援するために私たちは4機で標高8000～10000フィート（2400～3000m）の山脈を越える出撃を命じられました。それぞれ1時間遅延信管と2時間遅延信管を付けた2個の『パラフェックス』（別名「戦闘の缶詰」）のコンテナ（手榴弾、迫撃砲弾、機関銃や小銃に似た音を発生させた）をチャンクとイェナジェンの間のイラワジ川東岸のあらかじめ決められた地点に投下し陸軍の渡河を助けるのが任務でした。目標近くでHR567は完全に電気系統が故障してしまったのですが、私たちはパラフェックスを目

1945年中頃、マドラス州コラバラム基地で撮影された第82飛行隊のFB VI HR551。カゼイン接着剤の使用による外皮の欠陥が発見されたモスキートは即座に廃棄処分となる一方で、さらなる損失を防ぐために残存機に対しては予防措置が取られた。主桁の結合部に点検パネルが付け加えられ、機体が熱を吸収するのを抑えるために、すべての機体が迷彩塗装を剥がされて銀色で再塗装された。このモスキートは1946年10月に廃棄処分となっている。
(L Bradford via Geoff Thomas)

1945年初め、クムヒールガム基地から出撃した第82飛行隊のRF784/UX-Nを別のモスキートから撮影した写真である。この機体は第47飛行隊にも一時期所属し、最終的には1946年10月に廃棄処分となった。(via Phil Jarrett)

HR559/UX-Xもこの頁上の写真のモスキートと同時期に第82飛行隊に配備されていた。同飛行隊に配備される前には、このFB VIは短期間、第1空輸部隊に配備されていた。第82飛行隊がスピットファイアPR19とランカスターPR1に機種改変すると、RF784と同様、このモスキートも1946年10月に退役した。(via Phil Jarrett)

標に投下したと確信して、無線機なしで基地へ戻ることにしたのです。

「いうまでもありませんが、月はなく、眼下に見えるのは洪水や氾濫した川でしたし、積雲がどんどん高くなったので(とくに山岳地帯ではそうでした)、私たちはすっかり機位を失って、燃料も残り少なくなってしまいました。もうパラシュートで脱出しようとしていた時に、まったく運の良いことに、とても小さな飛行場の明かりを目にして、緊急着陸しました(たまたま追い風になってしまいました)。機体は飛行場の明かりを通り過ぎて、燃え尽きたDC-3に突っ込み大きく損傷してしまったのですが、気がつけば電気系統の故障のためにパラフェックスをまだ搭載したままでした! この前線飛行場はマンダレーに近いオンボークで、ジャップの地上軍が辺り一帯にいて、しばしば夜間に迫撃砲や機関銃で攻撃をかけてきていました。翌朝、私たちはインパールまで輸送機に乗せてもらい、そこから基地に戻りました。

「3月5日〜31日の間、第45飛行隊はビルマのジャップに対して爆撃や機銃掃射などの任務を休むことなく強力に継続していました。道路や鉄道の交通はあらゆる機会を捉えて機銃掃射し、多くの橋梁を爆撃しました。タマカンの橋(爆弾命中せず)、トワッティの橋(大きく損傷)、シンテの橋(損傷)、トングーの橋などです。最良の結果が出た任務のひとつは3月26、27日で、サリンを夜明けに爆撃した時です。500ポンド(227kg)爆弾4発がジャップの陣地のど真ん中に投下されたのです。その翌日、キョクパドーナーピンマナ間の鉄道と道路を目標に『ルーバーブ』を行いました。弾薬を使い切る前に機関車2両を穴だらけにして、3トントラック1台を炎上させました!」

3月15日、ドン・ブレンクホーン中尉とアルフ・プライドモア准尉はHJ368に搭乗して1120時に離陸し、イェナジェン油田に向かった。プライドモア准尉は以下のように回想する。

「第45飛行隊は横1列で目標に接近し、木々の梢の高度を全速で飛行していました。各機は短時間の遅延信管を付けた爆弾を搭載していて、私たちは目標地域に爆弾を投下して帰途につきました。ジャップは中程度の対空砲火を撃ち上げてきましたが損害はありませんでした。この出撃は3時間20分でした。2日後、飛行隊は同じ目標地域に戻り、今度は高々度から爆撃しました。普通は爆弾倉に爆弾2発を搭載し、もしドロップタンクが必要なければ、主翼下にさらに爆弾2発を搭載しま

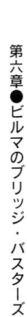

した。飛行場への攻撃は危険性がありましたが、ジャップの航空機を地上に留めておこうとするために重要で必要な任務でした。3月には、この種の任務は夜間、あるいは夜明けに時間を設定して行なうことが多かったのですが、5月には敵機が離陸するのを防ぐために飛行場上空を常に哨戒しようと『客待ちタクシー』式の作戦［*17］を実施しました。残念ながら、これはジャップがほかの飛行場から航空機を呼び寄せるのを防ぐことができず、実際のところ、私たちには何機かの損失が出ました。しかし、私たちは運が良かったのに違いなく、日本軍機に出会ったことはありませんでした。機体が損傷したときは、たいてい地上砲火のためでした」

ウォルシュ准尉とオーズボーン准尉の40回目の、そして最後の出撃は1945年4月4日午後だったが、あやうく悲惨な結果になるところだった。彼らはHR567に搭乗してサジの前進飛行場に向けて離陸した。サジは中継点で攻撃目標はジンガだった。彼らは1時間飛行したのち、着陸して燃料を補給し、攻撃目標までの最後の1時間40分の飛行に離陸した。搭載していたのは500ポンド爆弾2発と500ポンド焼夷弾2発だった。黄昏の光が薄れて

戦争終結時に撮影されたB Mk XXV TA272号機で、全面銀塗装にダルブルーのコードをつけている。この機体が所属していた飛行隊は不明だが、1946年9月に廃棄処分となっている。(Author's Collection)
［訳注：原書ではB Mk XXVとされているが、シリアルからもNF XIXと思われる］

1945年7月、イェランカかセントトーマースマウントに並ぶ第211飛行隊のFB VIである。一番手前のRF751/Bは1946年2月に廃棄処分となった。(via Geoff Thomas)

いくなか、彼らはジンガ村を爆撃するために突入し、目標をあとにする際には、爆弾は目標に正確に命中したように見えた。

　帰還の行程は、暗闇の中の3時間の飛行となり、やがて燃料の状況が良くないことが明らかになった。計算の結果、乗機が基地に戻るには燃料が不充分なことがわかったので、ウォルシュ准尉はモニワへの緊急誘導を要請した。灯された照明は不充分なもので、モスキートは残りの燃料がほとんどない状態で高度5000フィート(1500m)から進入して、滑走路を飛び出した。HR567は砲座に突っ込んで機体は駄目になったが、搭乗員は無傷だった。

　モスキートは日本軍の降伏まで日本軍に対する攻撃を続けた。8月12日、第47飛行隊は大戦における飛行隊の最後の出撃を行なったのち、そのモスキートはロケット弾用レールを装備するために前線から引き下げられた。また、その2日後には第110飛行隊指揮官のA・E・ソーンダース中佐とスティーブンズ大尉がラングーンの最終的な降伏を確認した。ブレニム Mk IVを装備してイギリス空軍で大戦最初の爆弾を投下していた第110飛行隊が1945年8月20日に大戦で最後の爆弾を投下したのは相応しいことだったといえよう。シッタン川東岸のティケドーで降伏を拒否していた日本兵を追い出すために8機のモスキートが出撃したのである。これはイギリス空軍の大戦で最後の作戦だった。9月3日、シンガポールにおいて日本軍南方方面軍司令・板崎将軍が海軍中将ルイス・マウントバッテン卿に正式に降伏し(編注：降伏時の日本陸軍南方軍総司令は寺内元帥である。このときの関係者の中に「板崎将軍」という名を発見することはできなかった)、こうして日本との戦争は終結した。

　1945年末、ボルネオ島のラバウンに基地を置く第47、第82、第84、第110飛行隊はオランダ領東インド諸島[*18]のインドネシア分離主義者に対して低高度爆撃とロケット弾攻撃を実施したが、その後、一部のFB VIでまた主翼構造の問題が発見されたため、検査のために再び短期間の飛行停止措置が取られた。

ボルネオ島ラブーアンで兵装要員がモスキートFB VIの機関砲の砲身を洗浄する。1945年末、第47、第82、第84、第110飛行隊はオランダ領東インド諸島[訳注：現在のインドネシア共和国]のインドネシア分離主義者に対して低高度爆撃とロケット弾攻撃を実施したが、その後、多くのFB VIでまた主翼構造の問題が発見されたため、検査のために再び短期間の飛行停止措置が取られた。(via Ron Mckay)

1945年12月、兵装要員が、ボルネオ島のインドネシア分離主義者を攻撃するための爆弾をFB VIに搭載する作業を終えようとしている。(via Ron Mckay)

訳注
*14：クエッタは現在、パキスタン領内。
*15：雲を利用して、地上または空中の目標を小規模の編隊で攻撃する奇襲戦術。
*16：梅本弘著『ビルマ航空戦(下)』(大

日本絵画刊)によれば、隼も全機が無事に帰還している。
*17：常時、空中待機して攻撃目標の指示を待つ戦術。
*18：現在のインドネシア共和国。

付録
appendices

■モスキート爆撃機/戦闘爆撃機の運用部隊

飛行隊／小隊	部隊コード	所属	展開地域
21	YH	第2戦術空軍第2航空群第140航空団	
464 (RAAF)	SB	第2戦術空軍第2航空群第140航空団	
487 (RNZAF)	EG	第2戦術空軍第2航空群第140航空団	
107	OM	第2戦術空軍第2航空群第138航空団	
305	SM	第2戦術空軍第2航空群第138航空団	
613	SY	第2戦術空軍第2航空群第138航空団	
105 (PFF)	GB	第2航空群/('43年5月〜)第8航空群(PFF)	
109 (PFF)	HS	第2航空群/('43年6月1日〜)第8航空群(PFF)	
128	M5	第8航空群(PFF)	
139 (PFF)	XD	第2航空群/('43年5月〜)第8航空群(PFF)	
142	4H	第8航空群(PFF)	
162	CR	第8航空群(PFF)	
163		第8航空群(PFF)	
571	8K	第8航空群(PFF)	
608	6T/RAO	第8航空群(PFF)	
627	AZ	第8航空群(PFF)/('44年4月13日〜)第5航空群	
692	P3	第8航空群(PFF)	
1409 (Met Flt)	AE	第8航空群(PFF)	
1655 (MTU)		第8航空群(PFF)	
617	AJ	爆撃軍団第5航空群	
618	OP	沿岸航空軍団第18航空群	
143	NE	バンフ攻撃航空団*	
235	LA	バンフ攻撃航空団*	
248	DM/WR	バンフ攻撃航空団*	
333 (RNWAF)	KK	バンフ攻撃航空団*	
334 (RNWAF)	VB	バンフ攻撃航空団*	
404 (RCAF)	EO	バンフ攻撃航空団*	
489 (RNZAF)	P6	バンフ攻撃航空団*	
45	OB		インド
47	KU		インド
82	UX		インド
84	PY		インド
110	VE		インド
211			インド
1 (RAAF)	NA		ボルネオ

[RAAF：オーストラリア空軍、RNZAF：ニュージーランド空軍、RNWAF：ノルウェー空軍、RCAF：カナダ空軍、PFF：パスファインダー部隊、Met Flt：気象偵察小隊、MTU：モスキート訓練部隊][*'44年9月編成]

カラー塗装図　解説
colour plates

1
B MKⅣシリーズⅡ　DK296/GB-B
1942年6月1、2日　第2航空群第105飛行隊
D・A・G・"ジョージ"・パリー大尉（DFC）、V・ロブソン中尉

より速度を出すためによく磨き込まれたDK296の戦闘初参加は1942年6月1/2日、ケルンへの「1000機爆撃」の直後だった。7月11日、「ジョージのG」は大きく損傷している。P・W・R・ローランド軍曹がフレンズブルク空襲の際にあまりにも低高度を飛んだために建物の屋根にぶつかり、機首に煙突の通風管が食い込んだまま帰還したのである。9月25日、パリー大尉とロブソン中尉はDK296に搭乗して、モスキート4機によるオスロのゲシュタポ司令部攻撃を先導した。「ジョージのG」はその後、オーストラリア空軍ビル・ブレッシング少佐（DSO,DFC）に引き継がれたが、彼はこの機体で不時着して胴体を破損した。機体はしっかり修理されて、1943年8月24日にハラヴィントンの第10整備部隊の下で保管されることになった。その翌月にはスコットランドのエロールに基地を置く第305機体空輸訓練部隊に引き渡され、そこで赤色空軍のマーキングを施されてアルバマーレに機種転換するソビエト人搭乗員の訓練に使用された。1944年4月20日、DK296はソビエト連邦にロシア人搭乗員によって空輸され、1944年8月31日に公式に引き渡されて、赤色空軍で使用されている。その最終的な運命は不明である。

2
B MKⅣシリーズⅡ　DK301　第105飛行隊
1942年8月4日
D・A・G・パリー大尉（DFC）、V・ロブソン中尉

迷彩塗装とコードレター、シリアル番号、国籍標識を剥がされ、明るいグレーに塗られたこの機体は、パリー大尉とロブソン中尉が最初のモスキートによるストックホルムへの政治任務飛行で使用した。それは1942年8月4日、ルーカス経由で行われ、搭乗員が運んだのは郵便物とイギリス大使への暗号だった。11月8日の訓練飛行で、パイロットのN・ブース曹長は脚を下ろすことができず、DK301はマーハム基地に近いアビー・ファームの平地に胴体着陸した。機体はその9日後に廃棄処分になった。

3
B MKⅣシリーズⅡ　DZ414/O　映像撮影部隊
1943年2月14日　C・E・S・パターソン大尉

この機体は1942年12月22日、ハットフィールド工場においてC・E・S・パターソン大尉によって映像撮影部隊で使用するために選ばれた。彼はその後、DZ414の総飛行距離24000マイル（38400km）のうちの20000マイルを操縦し、それには1943年2月14日のロリアンへのこの機体の初陣も含まれる。この出撃は前夜に行われた爆撃機466機による攻撃の直後であった。また、1943年4月20〜21日の（ヒットラーの誕生日に合わせて行われた）ベルリンへの夜間空襲にも参加したが、この時にはDZ414は対空砲で大きな損傷を被った。さらに、トリノとニュルンブルクへの空襲や、5月27日のイェーナへの長距離作戦にも出撃している。機首のふたつめの「B」は1943年5月13〜14日のベルリン空襲を示している。DZ414は第2戦術航空軍に所属している期間に多くの有名な作戦に参加した。1944年6月19日から25日の間に第613飛行隊のヴィック・ヘスター大尉の操縦でカメラマンのオークリー中尉が搭乗して14回のアンチ・ダイヴァー（V1発射基地攻撃）作戦に出撃している。また、1944年2月18日のアミアン刑務所攻撃にも参加し、700人の囚人のうちの255人が破壊された壁から脱出するのをリー・ハワード少佐が撮影できるよう、パイロットのトニー・ウィッカム大尉は火災を起こしている刑務所の上空を3回航過した。そして、1945年3月21日にはDZ414にはニュージーランド空軍第487飛行隊のK・L・グリーンウッド大尉が搭乗してシェルハウス空襲に参加し、映像撮影部隊のE・ムーア中尉が第1波のその建物への攻撃を撮影した。その戦争時の貢献にもかかわらず、この歴戦の機体は1946年10月に廃棄処分となり、あっさりスクラップにされた。

4
B MKⅣ　DZ476/XD-S　第139飛行隊
1943年3月4日　カナダ空軍 G・S・W・レニー大尉、
カナダ空軍 W・エンブリー中尉

このカナダ人のペアは「シャロー・ダイヴァー（浅い急降下爆撃隊）」の一員として1943年3月4日のオルノワイエの機関車整備所の攻撃（対空砲が胴体に命中して方向舵の操作索が切断される）、3月12日のリエージュのジョン・コッカリル製鉄・武器製作所の攻撃、その4日後のパダーボーンの機関車整備所の攻撃に参加した。1943年4月、レニー大尉とエンブリー中尉は新設の第618飛行隊でA小隊を構成するためにマーハムからスキッテンへ転属した11組の搭乗員の1組だった。彼らは1944年8月8日に前線勤務を終え、カナダに帰還している。DZ476は第139飛行隊に留まったが、1944年1月1日にアップウッドで墜落して失われた。

5
B MKⅣ シリーズⅡ　DZ601/AZ-A
第5航空群第627飛行隊　ウッドホールスパー
1944年5月28日　ニュージーランド空軍 J・F・トムソン中尉（DFC）、ニュージーランド空軍 B・E・B・ハリス中尉

この機体は第627飛行隊に配属される前、第139飛行隊指揮官レグ・W・レイノルズ中佐（DSO*,DFC）と航法士テッド・シスモア大尉が1943年5月27日にイェーナのショット硝子製作所攻撃で使用し、その作戦中に対空砲火で左のプロペラを損傷している。DZ601は第139飛行隊に1943年5月17日に配備されて、その10日ほどあとに初出撃をしたのである。この機体は1944年5月24日にウッドホールスパーの第627飛行隊に配備され、「AZ-A」となった。1944年5月28日、ニュージーランド空軍のJ・F・トムソン中尉（DFC）とB・E・B・ハリス中尉が搭乗したDZ601は第5航空群のランカスターのためにサンマルタン・ド・ヴァールヴィルの砲兵陣地に目標指示弾を投下した4機のモスキートの1機だった。その3日後、ソミュールの鉄道操車場を空襲した帰途

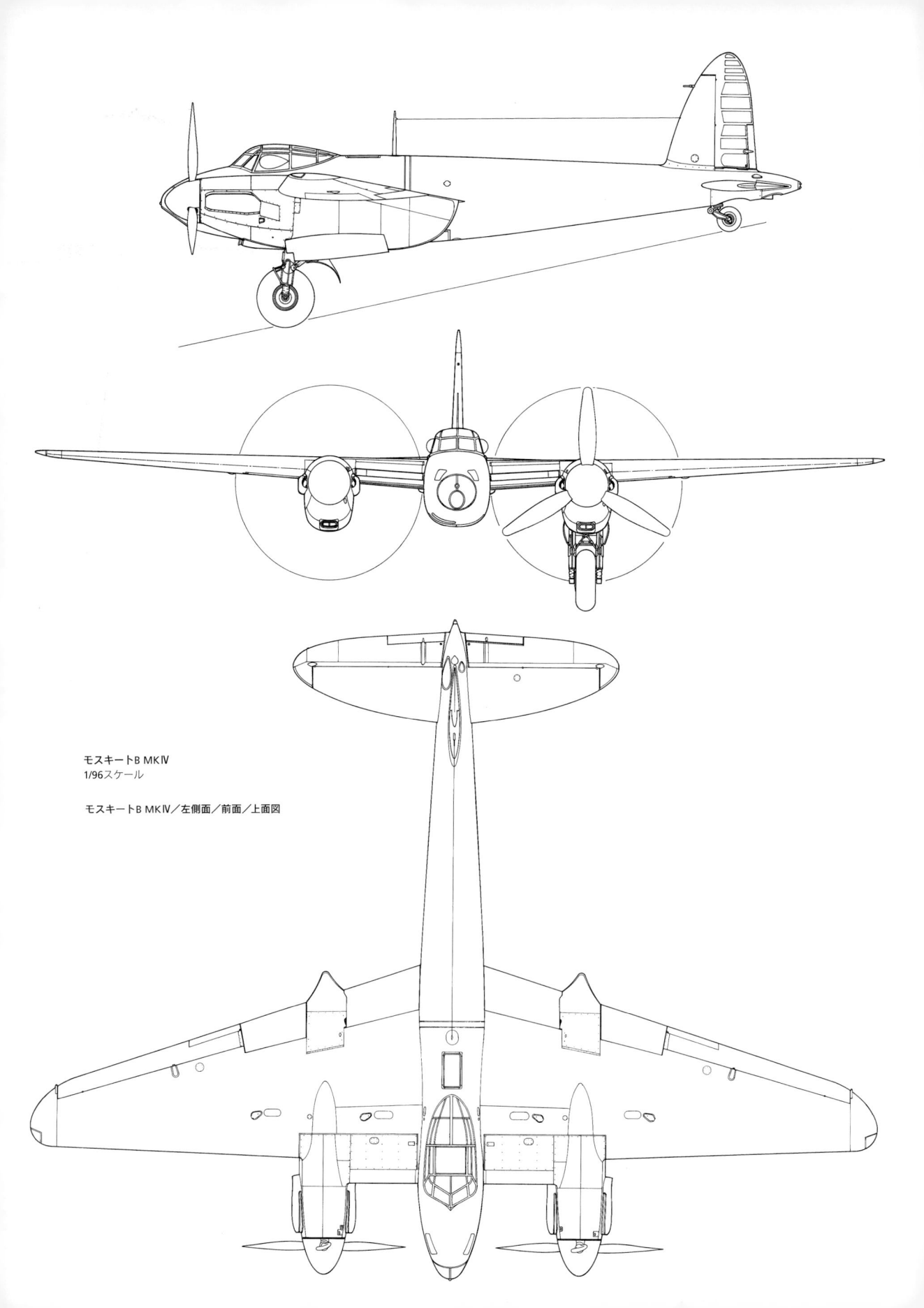

モスキートB MKIV
1/96スケール

モスキートB MKIV／左側面／前面／上面図

モスキートB MK IX／左側面図

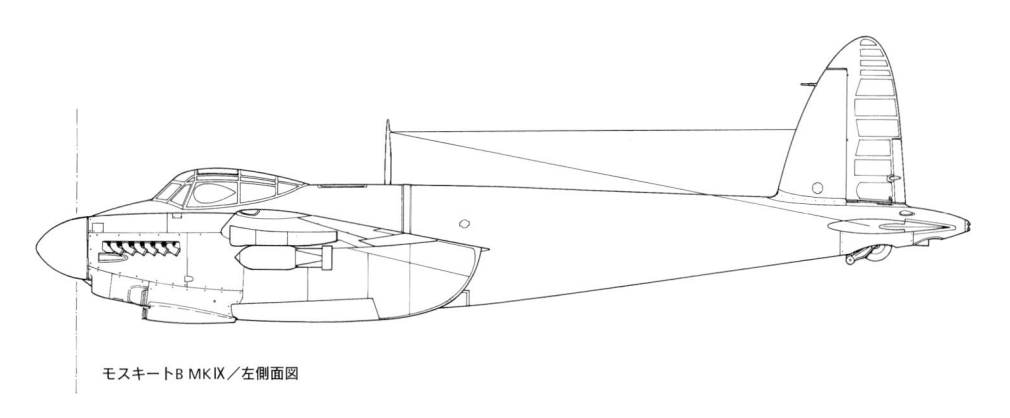

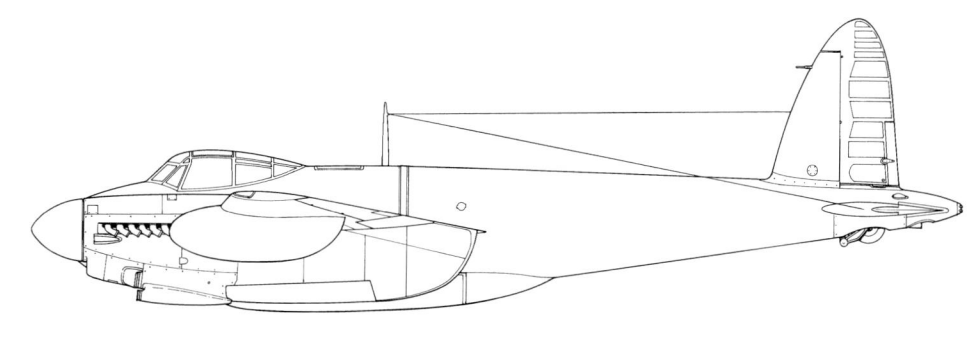

モスキートB MK XVI／左側面図

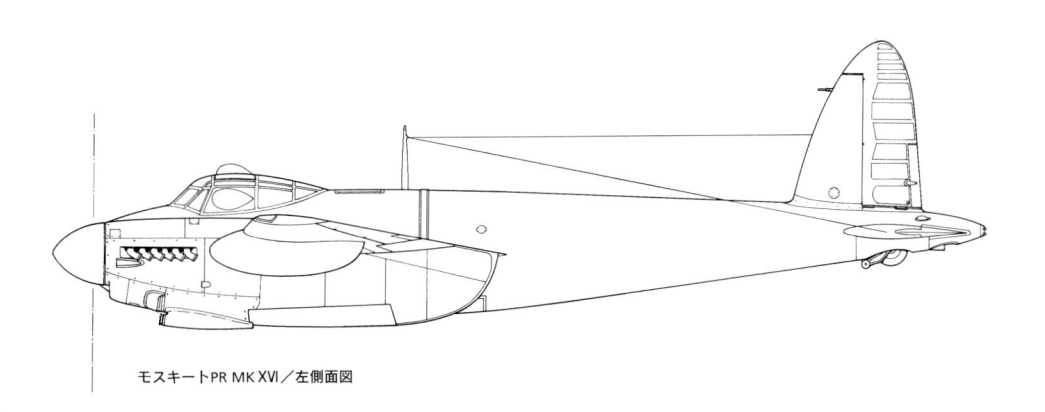

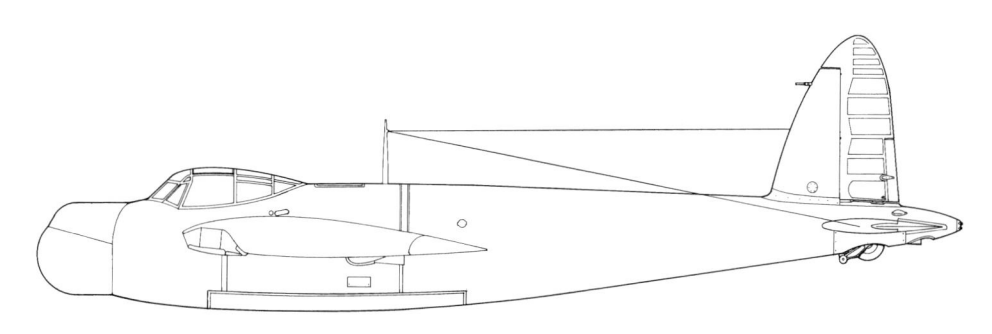

モスキートPR MK XVI／左側面図

モスキートB MK XVI（レドーム装備）／左側面図

99

にトムソン中尉とハリス中尉はDZ601を胴体着陸させざるをえなかった。左エンジンが過回転となり、停止できなかったのである。その後、機体は修理されたが、二度と戦闘に出撃せず、1946年10月16日に廃棄処分となった。

6
B MK Ⅳ シリーズⅡ　DZ421/XD-G　第139飛行隊
マーハム　1943年初め　飛行隊指揮官
ピーター・シャンド中佐、C・D・ハンドリー中尉（DFM）

シャンド中佐とハンドリー中尉は1943年20～21日の夜にDZ386に搭乗してドイツ第1夜間戦闘航空団第Ⅳ飛行隊のロタール・リンケ中尉に撃墜されて戦死するまで、いつもこの機体に搭乗していた。DZ421は1944年4月21日に第627飛行隊に移管され、AZ-Cというコードレターがあらためてつけられた。DZ601同様、この機体もサンマルタン・ド・ヴァールヴィル攻撃に参加し、その時の搭乗員はR・L・バートリー大尉とJ・O・ミッチェル大尉だった。DZ421はその出撃の直後に修理に出されたのち、第1655モスキート機種転換訓練部隊に移り、1944年7月25日に失われた。ヨークシア州アクラム上空で空中分解し、ウィストロウに墜落したのである。

7
B MkⅨ　オーボエ搭載機　LR507/GB-F
第8航空群（パスファインダー部隊）第109飛行隊
ワイトン　1943年6月17日

この機体は1943年6月17日から7月5日のわずか18日間だけ第109飛行隊に所属したのち、第105飛行隊に移管された。LR507は初出撃（7月13～14日）ではLR506とペアを組み、アーヘンを爆撃する主力部隊のための陽動作戦としてケルンに目標指示弾を投下した。1944年4月10～11日、LR507（およびRV322）は77機によるベルリン空襲の第1波のために目標指示弾を投下している。1945年9月21日、LR507は第22整備部隊に送られ、最終的には1946年5月15日に廃棄処分となった。

8
B Mk ⅩⅥ　ML942/P3-D
第8航空群（パスファインダー部隊）第692飛行隊
グレーブリー　1944年3月

この機体はその全戦歴を第8航空群（パスファインダー部隊）で過ごしている。まず1944年1月29日に第1409気象偵察小隊に配備され、2月4日に第139飛行隊の所属となったのち、3月13日にグレーブリーの第692飛行隊に移った。1944年4月初め、ML942はグレーブリーで錬成中だった第571飛行隊に加わり、1944年4月12～13日に同飛行隊で最初の出撃を行なった2機のうちの1機となった（もう1機はML963だった）。オスナブリュックに4000ポンド（1814kg）爆弾「クッキー」1発を投下するために出撃したのは、飛行隊指揮官J・M・バーキン中佐（DSO,DFC,AFC）とソーンダース大尉だった。ML962は第571飛行隊で91回の出撃を完了し、2回は途中で引き返したが、1945年1月5～6日のベルリン空襲では未帰還となった。F・ヘンリー中尉と「ブルー」・スティンソン中尉が搭乗していた「ドッグの"D"」は爆撃行程の最中に右主翼とエンジンに対空砲火を受けた。ヘンリー中尉はベルギー・フランスの国境までなんとか機体を操ったが、そこできりもみ降下に入ったためふたりの搭乗員は脱出せざるをえなかった。

9
B MK Ⅳ　DZ637/AZ-X　第5航空群第627飛行隊
ウッドホールスパー　1944年7月3日
ロニー・F・ペイト中尉とエドワード・A・ジャクソン大尉

このモスキートは4000ポンド爆弾を搭載できるようにマーシャルズ社およびヴィッカース・アームストロング社で1944年に改修された20機の1機である。この機体は1944年7月3日にウッドホールスパーの第5航空群麾下の第627飛行隊に配備され、1944年12月31日にオスロのゲシュタポ司令部に対する12機の攻撃に参加している。ロニー・F・ペイト中尉とエドワード・A・ジャクソン大尉が搭乗し、第2波の「青分隊（ブルー・フォース）」を構成するB MkⅣ 6機の1機だった。第1波は目標を爆撃したが、煙が目標を隠したために「青分隊」のモスキートは1機も爆弾を投下しなかった。彼らは司令部の建物が見えない限り爆撃しないように命令されていたのである。DZ637は1945年2月1日にジーゲン上空で撃墜され、カナダ空軍 R・ベイカー大尉とD・G・ベッツ軍曹とともに失われた。

10
B Mk ⅩⅩⅤ　KB416/AZ-P　第5航空群第627飛行隊
ウッドホールスパー　1944年12月31日
G・W・カリー中佐（DFC）、K・G・タイス大尉

この機体はカナダで生産され（そしてマーリン225型エンジンを装備し）、1944年6月6日以降にイギリスに割り当てられた343機の1機である。KB416は1944年10月20日にウッドホールスパーの第627飛行隊に配備され、12月31日にはオスロのゲシュタポ司令部攻撃で「赤分隊（レッド・フォース）」を先導した。G・W・カリー中佐（DFC）とK・G・タイス大尉が搭乗し、高度1300フィート（390m）から降下角30度で急降下爆撃を行い、目標の建物の北東の角に爆弾を命中させた。1945年7月3日、KB416は片発でウッドホールスパーに着陸しようとして墜落した。パイロットのD・N・ジョンソン大尉は起きた火災で死亡し、航法士のJ・D・フィンレイソン少尉は負傷した。フィンレイソン少尉を救助したステファン・コッガー伍長は勇敢な行為に対してジョージ勲章を授与された。

11
B Mk ⅩⅩⅤ　KB462/CR-B　第162飛行隊
バーン　1944年12月

この機体は、まず1944年11月14日にグランズデンロッジの第142飛行隊に配備されたのち、12月17日にバーンの第162飛行隊に配備された。そして1945年4月30日に元の飛行隊に戻ったが、1945年8月14日にはウッドホールスパーの第627飛行隊に配備された。この機を保有した第627飛行隊は1945年10月1日に解隊され、同日に第109飛行隊と改称した。KB462はこの飛行隊でその生涯を終え、1947年10月22日に廃棄処分となった。

12
B Mk ⅩⅥ　MM138/P3-A
「マンクトン・エクスプレスⅢ」

第8航空群（パスファインダー部隊）第692飛行隊 グレーブリー　1944年10月
カナダ空軍アンディ・ロックハート大尉（DFC）、
カナダ空軍ラルフ・ウッド大尉（DFC）
MM138は「マンクトン」の名前をつけた3機目の、そして最後の機体で、もっぱらカナダ空軍アンディ・ロックハート大尉（DFC）とカナダ空軍ラルフ・ウッド大尉（DFC）の乗機だった。彼らは1944年7月6日から11月3～4日の間に50回の出撃を記録した。最初の「マンクトン・エクスプレス」（P3-J）は8月13日のハノーファーへの彼らの13回目の出撃ののちにその名前がつけられたが、同月のうちに別の搭乗員が操縦して機関砲弾を受けて大破した。ロックハート大尉とウッド大尉は9月8日に「マンクトン・エクスプレスⅡ」（P3-A）で初めて出撃し、ニュルンベルクに高度29000フィート（8700m）から「クッキー」1発を投下している。その機体は彼らが休暇中に失われ、「マンクトン・エクスプレスⅢ」が9月29～30日にデビューすることになった。その夜、彼らはカールスルーエに向けて出撃したのである。また、この機体は彼らの最後の出撃の際の乗機であり、その出撃は彼らの18回目のベルリンへの出撃だった。

13
B MkⅣ シリーズⅡ　オーボエ搭載機
DK333/HS-F「死神」　第8航空群（パスファインダー部隊）第109飛行隊　ワイトン　1943年1月　ハリー・B・スティーブンズ中尉とフランク・R・ラスケル中尉（DFC）
DK333は1943年1月27日に実戦で最初に地上目標指示弾（250ポンド目標指示爆弾）を投下した3機のモスキートの1機だった。1944年にはハリー・B・スティーブンズ中尉とフランク・R・ラスケル中尉（DFC）が前線勤務の期間中にDK333で出撃している。ラスケル中尉は1944年4月に第109飛行隊を去ったがスティーブンズ中尉は戦死している。DK333は第105, 第139, 第192飛行隊に所属したのち、1945年5月30日に廃棄処分となった。

14
B MkⅣ シリーズⅡ　DZ650/P3-L　第8航空群（パスファインダー部隊）第692飛行隊　グレーブリー　1944年5月
B MkⅣ シリーズⅡのDZ650は爆弾倉を補強され、4000ポンド（1814kg）爆弾を搭載するために爆弾倉扉を改修されて、1944年5月15日にバーンの第692飛行隊（ドイツに4000ポンド爆弾を投下した最初のモスキート部隊）に配備された。P3-Lは1944年5月28～29日に初出撃し、1944年7月27日にはウッドホールスパーの第627飛行隊に移管され、AZ-Qとなった。1944年12月29日、DZ650はエルベ川で「ガーデニング」（機雷投下）任務の遂行を命じられたモスキート8機の1機だったが、作戦開始の際に離陸に失敗して墜落し、大きく損傷して修理不能となった。

15
B MkⅩⅥ　ML963/8K-K　第692飛行隊　1945年4月
リチャード・オリバー中尉、マックス・ヤング曹長
この機体は当初、1944年3月9日に第109飛行隊に配備され、その後、3月24日に第692飛行隊に移管され、最終的には4月12日に第571飛行隊にたどり着いた。「キングのK」は4月12～13日、第571部隊の最初の作戦を行った。1945年3月20日から24日にかけて、ML963（コードレターは「フレディーのF」になっていた）は6夜連続でベルリンに出撃している。この機体は4月10～11日、今度ベルリンに出撃（ML963の87回目の出撃）した際に、ついに失われた。エンジンが火災を起こしたのである。リチャード・オリバー中尉とマックス・ヤング曹長は最初に4000ポンド爆弾を投棄したのち、エルベ川近くで無事脱出した。

16
B MkⅣ　DZ383/?　第2戦術航空軍第138航空団
レイシャム　1944年9月
この機体は「疑問符」として知られていた。1943年から1944年のハンプシア州レイシャム基地において第2戦術航空軍第138航空団を構成していた3個飛行隊のどれにも所属していなかったからである。ポーランド人搭乗員がDZ383に最初に疑問符を描こうとしたときには、文字を左右反転させて描いてしまったのであった！　1944年9月17日、DZ383を操縦していたのは第613飛行隊のヴィック・A・ヘスター大尉で、カメラマンのテッド・ムーア中尉はまず「マーケット・ガーデン」作戦に先行するアルンヘムの兵舎への攻撃を撮影し、その後、空挺作戦そのものを撮影した。1945年3月21日のシェルハウス攻撃の際、DZ383を操縦したのは第21飛行隊所属のアメリカ人パイロット、R・E・"ボブ"・カークパトリック中尉で、第4映像撮影部隊のR・ハーン軍曹が同乗していた。この時、コペンハーゲン上空で対空砲により損傷を受けたが、カークパトリック中尉は「疑問符」号をなだめすかしてノーフォークまで戻り、ノリッジに近いラックヒースのアメリカ陸軍航空隊のB-24基地に不時着している。

17
FBⅥ　MM404/SB-T　第2戦術航空軍第140航空団オーストラリア空軍第464飛行隊　1944年2月18日
オーストラリア空軍　イアン・マクリッチー少佐とR・W・"サミー"・サンプソン大尉
1944年2月18日、アミアン刑務所攻撃に出撃したMM404は対空砲火が命中し、重傷を負ったマクリッチー少佐が時速200マイル（320km/h）以上でポワの近くに不時着させた。彼は捕虜となったが、航法士の"サミー"・サンプソン大尉は戦死した。

18
FBⅥ　MM417/EG-T　第2戦術航空軍第2航空群第140航空団ニュージーランド空軍第487飛行隊　1944年2月末
この機体は1944年3月26日、フランスのカランタン西、ル・エの「ノーボール」基地（V-1発射基地）を攻撃中に対空砲火による損傷を受け、ハンスドン基地に不時着して廃棄処分となった。

19
FBⅥ　MM403/SB-V　第2戦術航空軍第2航空群第140航空団オーストラリア空軍第464飛行隊
1944年2月18日
このFBⅥもアミアン刑務所攻撃に参加しており、その時の搭乗員はトム・マクフィー大尉とジェフリー・W・アトキンズ大尉だった。MM403も含めて第464飛行隊から出撃した

5機（さらにパーシー・ピカード大佐の搭乗するFB VIも同行していた）は刑務所の建物の壁と刑務所の東端と西端にあった守衛の居住区を破壊した。MM403は1945年1月18日の出撃で、メルヴィル近くで失われた。

20
FB VI　HX917/EG-G
ニュージーランド空軍第487飛行隊
ハンスドン　1943年7月

第487飛行隊は1944年から1945年にかけてドイツの諜報活動中枢に多くのピンポイント攻撃を行ったことで有名な第140航空団に属していた。HX917は1944年7月5日の夜間出撃で失われている。

21
FB VI　LR366/SY-L　第2戦術航空軍第138航空団第613「シティ・オブ・マンチェスター」飛行隊
レイシャム　1944年1月

LR336は第613飛行隊に1944年1月10日に配備され、2月5日のモットヴィルの「ノーボール」基地攻撃で損傷した。その後、LR366は1944年7月27日にOM-Lとして第107飛行隊に配備され、1944年9月17日に第107飛行隊と第613飛行隊の32機のFB VIが「マーケット・ガーデン」空挺侵攻作戦に先行してアルンヘムの兵舎を攻撃した際に失われた。

22
FB VI　PZ306/YH-Y　第2戦術航空軍第2航空群第140航空団第21飛行隊　1945年3月21日
A・F・"トニー"・カーライル少佐（DFC）とニュージーランド空軍 N・J・"レックス"・イングラム大尉

このFB VIの搭乗員は1945年3月21日のシェルハウス攻撃の際、第1波の副指揮官機としてボブ・ベイトソン大佐とテッド・シスモア少佐の後方を飛行した。カーライル少佐はゲシュタポ司令部の建物を爆撃して、彼の爆弾が建物の1階で爆発するのを確認し、帰還する途中、ユトランド半島で列車を攻撃した。

23
B Mk IV シリーズ II　DK290/G「ハイボール」搭載機
ボスコムダウン航空機／兵器試験施設（A&AEE）
1943年4月

この機体は「ハイボール」の試験で、模擬爆弾（木製の外殻を持つ爆弾）を搭載した状態と搭載しない状態で多くの試験飛行を行っている。模擬爆弾はヘストン基地で搭載していた。機体はスロットル全開の対気速度時速390マイル（624km/h）で急降下を行い、テストパイロットは急降下中の機体を保持するために全力を使わなければならなかった。模擬爆弾を搭載していない場合、その力はわずかながら小さくて済んだ。一時期、DK290/G（「G」は地上では常時立哨が義務づけられていることを示す）は機体を磨き上げられ、主翼付け根にはフィレットが追加されていた。水平尾翼に10度の上半角をつけて安定性試験も行われていた。のちに第618飛行隊は「ハイボール」モスキートを装備することになるが、その特殊爆弾が実戦で使用されることはなかった。DK290/Gは最後には教育用機体「4411M」として使用され、ランカシア州カーカムの第10技術訓練校に配置されている。

24
FB VI　HR405/NE-A　バンフ攻撃航空団第143飛行隊
A・V・ランデル中尉とR・R・ローリンズ中尉

この機体は1943年6月から1944年12月の間にコヴェントリーのスタンダード・モーターズ社に発注された500機のFB VIの1機だが、前線での戦歴はほとんど知られていない。

25
FB VI　LR347/T　バンフ攻撃航空団第248飛行隊
1944年6月10日
スタンリー・G・ナン大尉、J・M・カーリン中尉

この機体はナン大尉とカーリン中尉が1944年6月10日にアシャント島沖でウルリッヒ・クナクフス中尉指揮のVII C型UボートU-821を攻撃した際に使用した。U-821はその後、第206飛行隊のリベレーターEV943/Kによって撃沈された。1944年7月、「トミーのT」は対空砲火で損傷を受け、左エンジンが停止した状態でポートリース基地に胴体着陸している。機体は修理され、やがて第8実戦訓練部隊に配備されたのち、1946年8月に廃棄処分となった。

26
FB VI/Mk XVIII　NT225/O
バンフ航空団第248飛行隊　1944年6月

1944年初めにハットフィールド工場でFB VIとして製造されたのち、Mk XVIIIに改造されて1944年6月5日にバンフの第248飛行隊に配備されたNT255は、1944年12月7日に失われた2機の「ツェツェ」の1機だった（もう1機はNT224/Eだった）。21機前後のモスキートと40機のボーファイターが、12機のマスタングに掩護されてオーレスン港の船団を攻撃するために出撃し、計画通りの地点に到達したのだが、バーンズ少佐は海岸沿いにゴッセン飛行場へ編隊を導き、そこで約25機のFw190とBf109Gに上から襲われたのである。マスタングは敵戦闘機4機を撃墜し、さらに2機の敵機が空中衝突した。撃墜された2機の「ツェツェ」のパイロットはビル・コスマンとK・C・ウィングだった。

27
FB XVIII　PZ468/QM-D　第248飛行隊
ノースコーツ　1945年4月

この機体は1945年4月12日にノースコーツのボーファイター装備の第254飛行隊に分遣隊として送られた5機の「ツェツェ」の1機である。そこでは、スピットファイアMk XIVの掩護を受けながらオランダ沖で小型潜水艦やUボートに対する作戦をおもに行なった。1945年4月18日には2機の「ツェツェ」が浮上しているUボート5隻を発見し、Uボートが急速潜行する前に両機はそれぞれ、1発だけ砲弾を発射している。PZ468は1946年11月25日に廃棄処分となり、部品取りに使われた。

28
FB VI　RF610/DM-H　第248飛行隊
バンフ　1945年4月

この機体はコヴェントリーのスタンダード・モーターズ社で製造され、1945年4月にバンフの第248飛行隊に配備された。1946年10月に同飛行隊が解隊されたあとは保管され、

1948年4月にフランス政府に引き渡されることが決まったが、これは撤回され、7月にはアクリントンの兵器取り扱い訓練基地で使用されることになった。1949年10月、この機体は第22整備部隊のもとで再び保管され、1952年9月10日にユーゴスラビア空軍に引き渡されるために（「8114」となる）、アビントンの第10空輸部隊へと飛行した。

29
FB Ⅵ　A52-504（元HR335）/NA-P
オーストラリア空軍第1飛行隊
ラブーアン島、1945年7月

この機体はスタンダード・モーターズ社製で、1944年11月にオーストラリアに到着した最初の10機のイギリス製モスキートの1機だった。全部で38機のモスキートが現地の生産ラインでの遅れを取り戻すために送られている。最後の3機は1945年3月に到着した。A52-504が日本軍に対する戦いに参加したのは非常に短期間で、第1飛行隊が戦闘を経験した8日間だけだった。この機体は1949年7月に廃棄された。

30
FB Ⅵ　HR402/OB-C　第45飛行隊　クムヒールガム
1945年1月15日　C・R・グッドウィン大尉、S・ポッツ中尉

この機体は1944年11月11日にOB-Cとしてインドのクムヒールガム基地の第45飛行隊に配備された。東南アジア航空軍団のグリーン／ダークアースの迷彩塗装が施されライトブルーとダークブルーの国籍標識をつけている。1945年1月15日、メイクテーラ飛行場上空でもう1機のモスキートとともに哨戒中にHR402は撃墜された。機体はセドウの北に墜落し、搭乗員のグッドウィン大尉とポッツ中尉は戦死した。

31
FB Ⅵ　RF668/OB-J　第45飛行隊　ジャオリ
1945年6月　カナダ空軍 フランク・ショルフィールド中尉とレグ・"タフィー"・F・ファセル中尉

インドのマドラスのコラバラム基地の第45飛行隊に1945年4月1日に配備されたこのモスキートは1945年5月の「ドラキュラ」作戦、すなわちラングーン攻略作戦でジャオリ基地から出撃して「客待ちタクシー」式哨戒を行なった16機のモスキートの1機だった。ショルフィールド中尉とファセル中尉は1945年6月13日にこの機体で最初の出撃を完了している。全面シルバーに塗られたRF668はエンジンナセルの上面内側を防眩用に黒く塗装していた。この機体は1945年7月26日に大きく損傷した。コラバラム基地から編隊離陸をした際にJ・H・ロバートソン大尉が尾部を高く上げすぎて、プロペラが地面を叩いたのである。RF668はその後、1946年10月8日にスクラップにされている。

乗員の軍装　解説
figure plates

1
第105飛行隊指揮官
ヒューイ・エドワーズ中佐（VC,DSO,DFC）
1942年12月　マーハム

彼は白のタートルネックのセーターの上に標準的なイギリス空軍士官の戦闘服を着用している。身に付けているのはC型飛行帽、G型マスク、US B-7型ゴーグル、MkI型救命胴衣である。手に持っているのは軽量手袋で、履いているのは1939年型官給ブーツである。

2
バンフ攻撃航空団指揮官
マックス・エイトケン大佐（DSO,DFC）
1944年10月　バンフ

最高級の素材で仕立てた戦闘服を着たエイトケン大佐はC型飛行帽を制帽に替えている。楕円型のゴーグルとつま先にスチールが入った靴以外は、彼が身に付けている装備はエドワーズ大佐と同じである。

3
第105飛行隊指揮官
ジョン・ドレイシー・ウールリッジ中佐（DSO,DFC,DFM）
1943年6月　マーハム

ウールリッジ中佐もまた規定通りの制服を着ているが、非常にくたびれた制帽を被っている。おそらく爆撃コマンドでの前回の前線勤務以来の古いお気に入りであろう。

4
オーストラリア空軍第464飛行隊
オーストラリア空軍 R・W・"サミー"・サンプソン大尉
1944年2月　ハンスドン

オーストラリア空軍のダークブルーの揃いの制帽と戦闘服（肩に「オーストラリア」という記章が縫いつけている）を着用したサンプソン大尉が手に持っているのは胸部取り付け式パラシュートで、その縛帯は救命胴衣の上から締められている。彼のゴーグル、飛行帽、酸素マスク、手袋はすべて1943年の標準的な官給品であり、ブーツも同様である。

5
第84飛行隊　デーヴィソン准尉　1944年9月
アッサム州クムヒールガム

彼が着用しているのはカーキ色のオーバーオール、イギリス空軍の記章の入ったスカーフを巻いたブッシュ・ハット、軍靴である。彼もまた胸部取り付け式パラシュートの縛帯をしている。そして、ポーチ、拳銃ケースと0.38口径軍用拳銃を付けたベルトで彼の軍装は揃う。

6
ニュージーランド空軍第487飛行隊付き
パーシー・C・ピカード大佐（DSO,DFC）
1944年2月　ハンスドン

HX922に乗り込みアミアン刑務所攻撃に出撃する直前の姿である。そして、その出撃から彼が戻ることはなかった。彼は戦闘服の上に空挺部隊の「デニソン」スモックを着用し、スカーフ、救命胴衣、1938年型ブーツ、そしてパイプで軍装が完成している。

◎著者紹介 ｜ マーティン・ボーマン　Martin Bowman

ノーフォーク州ノーリッチ在住。フリーの航空史研究家、作家、写真家として活動する。今までに25冊以上の航空関連の著作があり、それらはすべて世界各地における熱心な実地取材の末に生み出されたものである。また、『Aeroplane Monthly』『Flight International』『Wingspan』(以上英国)、『Air Classics』『Air Combat』(以上米国)など、内外の航空関連雑誌への寄稿も数多い。

◎訳者紹介 ｜ 苅田重賀　(かんだ しげよし)

1965年岡山県生まれ。大阪大学文学部卒業。東京在住。訳書に、本シリーズVol.29『第二次大戦のTBF/TBMアヴェンジャー 部隊と戦歴』、同Vol.37『第二次大戦のP-61ブラックウィドウ 部隊と戦歴』がある。

オスプレイ軍用機シリーズ **42**

**モスキート爆撃機/戦闘爆撃機
部隊の戦歴**

発行日	2004年2月9日　初版第1刷
著者	マーティン・ボーマン
訳者	苅田重賀
発行者	小川光二
発行所	株式会社大日本絵画 〒101-0054 東京都千代田区神田錦町1丁目7番地 電話:03-3294-7861 http://www.kaiga.co.jp
編集	株式会社アートボックス http://www.modelkasten.com/
装幀・デザイン	関口八重子
印刷/製本	大日本印刷株式会社

©2000 Osprey Publishing Limited
Printed in Japan
ISBN4-499-22837-9 C0076

Mosquito Bomber/ Fighter-Bomber
Unit 1942-45
Martin Bowman

First Published In Great Britain in 1997, by Osprey Publishing Ltd, Elms Court, Chapel Way, Botley Oxford, Ox2 9Lp. All Rights Reserved.
Japanese language translation
©2004 Dainippon Kaiga Co., Ltd

ACKNOWLEDGEMENTS

The author would like to thank the following individuals for their valued assistance during the compilation of this volume: Sqn Ldr John Archbold RAF Retd; Eric Atkins DFC*, KW*, RAF Retd, Chairman of the Mosquito Aircrew Association; BAe; Mike Bailey; Philip Beck; Andy Bird; Sqn Ldr Ed Boulter; Les Bulmer, RAF Retd; Sqn Ldr Ed Bulpett, CRO at RAF Marham; Philip Birtles; Derek Carter; Tom Cushing; Ern Dunuey, RAAF Retd; E S Gates; Grp Capt JR 'Benny' Goodman DFC*, AFC, AE; Ken Greenwood; T M 'Mac' Hetherington, RCAF Retd; Philip Jarrett; R E 'Bob' Kirkpatrick, RAF Retd; Ron Smith; Vic Hester, RAF Retd; G A B Lord, RAF Retd; P D Morris; Ron Mackay; A P 'pat' O'Hara DFM, RAF Retd; Wg Cdr George Parry DSO, DFC*; Sqn Ldr Charles Patterson DSO, DFC, RAF Retd; Alf Pridmore; RAAF Museum Point Cook; Harry Randdl-Cutler, RAF Retd; Alan Sanderson; RAF Swanton Morley; Jerry Scutts; Jim Shortland; Knowle Shrimpton DFC, RAAF Retd; Ken Hyde, archivist for the Shuttleworth Collection; Graham M Simons; Andy Thomas; Geoff Thomas; Ben Walsh; and the late J Ralph Wood DFC, CDR, CAF Retd.